谨以此书献给 *John Grindrod*——最有趣的推特客——是他让马库斯走上了推特之路。

解码微大宇宙

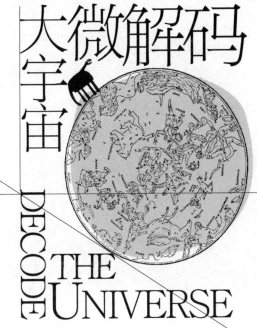

DECODE
THE
UNIVERSE

〔英〕马库斯·尚恩〔荷〕霍弗特·席林/著

王 金 刘晓丹/译

饕书客

陕西出版传媒集团
陕西人民出版社

图书在版编目（CIP）数据

大宇宙 微解码 / （英）尚恩（Chown,M.），（荷）席林
（Schilling,G.）著；王金，刘晓丹译.--西安：陕西人民出版社,2014
ISBN978-7-224-11079-1

Ⅰ.①大…Ⅱ.①尚…②席…③王…④刘…Ⅲ.①宇宙-青少年读
物Ⅳ.① P159-49

中国版本图书馆CIP数据核字(2014)第061670号

著作权合同登记号：25-2014-136

TWEETING THE UNIVERSE:VERY SHORT COURSES ON VERY BIG IDEAS

by
MARCUS CHOWN AND GOVERT SCHILLING

Copyright©2011 BY MARCUS CHOWN AND GOVERT SCHILLING

This edition arranged with FABER AND FABER LTD.
through Big Apple Agency, Inc., Labuan, Malaysia.
Simplified Chinese edition copyright:
2014 SHAANXI PEOPLE'S PUBLISHING HOUSE

出 品 人：惠西平

TopBook
饕书客

总 策 划：宋亚萍

策划编辑：关 宁 韩 琳

责任编辑：王 倩 王 凌

整体设计：左 岸

内文制作：毛小丽 张玉民 任敏玲 唐懿龙 杨 博

张 斌 任小强 王 芳 张英利 符媛媛

大宇宙 微解码

作 者 〔英〕马库斯·尚恩〔荷〕霍弗特·席林
译 者 王 金 刘晓丹
出版发行 陕西出版传媒集团 陕西人民出版社
（西安北大街147号 邮编：710003）
印 刷 西安建明工贸有限责任公司
开 本 890 mm×1240mm 32 开 6.375 印张
字 数 110千字
版 次 2015年1月第1版 2015年1月第1次印刷
书 号 ISBN 978-7-224-11079-1
定 价 22.80元

故事发生在加勒比海一个叫阿鲁巴的小岛上。它是加勒比海海域上最干燥的岛屿，以赌场和苏木闻名。1998年2月26日，太阳、地球和月球正好排列成一条直线，这个小岛经历了3分32秒的天文奇观——日全食：月球完全阻挡了太阳光，白昼犹如黑夜。

马库斯·尚恩将这次日全食奇观记录下来，发表在英语杂志《新科学家》上。与此同时，霍弗特·席林也在荷兰周刊 *Intermediair* 上报道了此次日全食。长话短说，就这样，马库斯和霍弗特二人相遇了。霍弗特对马库斯十分友好，他还送马库斯去机场，以赶上凌晨两点飞回英国的班机。

时间飞逝，2009年社交网站"推特"迅速兴起，其流行度让人惊叹。霍弗特和马库斯也都成了"推特客"，这有点言过其实，与多数人一样，当时，他们对推特持怀疑态度。马库斯的出版社市场经理告诉他，这是与读者直接交流的最好方法，马库斯才开始上推特。

通过推特，二人再次相遇，他们互相关注。当时霍弗特的粉丝们问了很多天文方面的问题，这让霍弗特突然萌生了一个想法，就是每周五晚上发一篇关于天文学的小短文。荷兰国家日报《民众报》的编辑注意到这种情况，他建议霍弗特为报纸做个专栏周刊。之后，霍弗特连续发表了15篇推文，读者们反响强烈，十分喜欢。

所以，霍弗特决定扩大读者群，打算用英语写本书。2010年末，霍弗特给马库斯发了封邮件，问他是否有兴趣一起写推文，集成一本书。

马库斯的第一反应是：多么荒诞的想法啊！不，其实不然，他认为这是个极好的想法。他首先联系编辑尼尔·贝尔顿，尼尔可能会是第一个否定此案的人。但是出乎意料，尼尔对此十分热衷。很快，霍弗特和马库斯签订合约，开始合作了。

要把宇宙大爆炸理论这样的主题，分解成易懂可读的一系列推文，可以说是一个极大的挑战。在《民众报》周刊的专栏推文撰写中，霍弗特已经积累了些经验。但是马库斯对此唯一的经历是在iPad上介绍过太阳系中某些行星、月球而已。

很快，霍弗特和马库斯意识到，这项工程耗时巨大。一方面，篇幅要尽量压缩，另一方面，过度压缩会导致很多天文信息难以表达，增加读者的理解难度，要平衡好两者的关系，确实很难。通常，他们先形成推文初稿，然后不断精简冗词。在公园散步时，在超市排队中，在伦敦公车里，都可以看到马库斯在笔记本上删减文字。霍弗特则习惯于在案头长期工作，到公园里散步都显得奢侈！

霍弗特和马库斯计划涉及的主题有140个，每人撰写70个主题。等完成后，再互相交换稿件，编辑校对文字。这又是一项他们不曾想到的费时费力的过程。还好，终于完成了。

在这一年的时间里，马库斯撰写的文章，经历了从书籍的长篇幅，到逐渐缩短的过程。霍弗特也已经习惯于写适合推文长度的句子了。接下来，他们的编辑甚至建议用俳句诗，来讲述宇宙的起源、进化和命运。这是个玩笑，对吗？

马库斯·尚恩（伦敦）
霍弗特·席林（阿莫斯福特）

目 录

天空

1. 彩虹是怎样形成的?

1665 年,伦敦暴发了大瘟疫,在其东北面的剑桥大学也因此关闭。当时的牛顿 22 岁,尚未成名,只好返回家中。在此后的 18 个月里,牛顿在家中继续研究,进而改变拓展了科学领域。

在牛顿阐述重力的奇迹岁月里,他在思考:为什么透过望远镜看到的星星会呈现出彩虹的颜色呢?

望远镜利用透镜系统,即采用不同厚度的玻璃片。牛顿采用了一种更简单的透镜 —— 厚度渐变的三角形玻璃,称为三棱镜。

在家乡伍尔索普村,牛顿将三棱镜置于从窗帘中透出的日光前,投射到墙上,他看到白光发散为彩色光谱,即所有彩虹的颜色:红、橙、黄、绿、蓝、靛、紫。

牛顿又反向放置了一块三棱镜,他发现彩色光谱又神奇地重新会聚成白光。

牛顿据此得出了一个正确结论:来自太阳的白光,实际上是由彩虹波谱的颜色混合而成。三棱镜玻片所起的作用是从白光中分离出单色光束。

光是一种小到看不见的波,而不同颜色的光具有不同的大小(即波长)。红光波长约是蓝光的两倍。

下雨后之所以会出现彩虹,是因为雨滴就像数以亿计的微小三棱镜,将日光散射成不同波长的连续单色光。雨滴的背面就像微小的镜面,光线经过一两次折射后会重现,所以我们常常会看到两个彩虹,而且第二个的颜色是逆序的。彩虹实际上是圆的。但是由于地平线的阻碍,我们只能看到部分 —— 半圆弧。

2. 天空为什么是蓝的?

既然空气是透明的,那为什么天空是蓝色的呢?其中的道理并不简单!

关于这一问题,要追溯到 19 世纪后期,英国著名物理学家瑞利 ——1904 年诺贝尔物理学奖获得者 —— 对此进行过的阐述。

关键事实 1:光是一种波,犹如池塘水面的涟漪。但因光的波长实在太小,以至于这一事实并不那么显而易见。

关键事实 2:根据牛顿的发现,白光是由各色光波组成的,根据波长大小,按红、橙、黄、绿、蓝、靛、紫的顺序排列。

关键事实 3:空气中的氧气分子、氮气分子大小恰巧更适合散射蓝光,而不是红光。

结果：阳光进入大气时，波长较长的色光，如红光，透射力大，能透过大气射向地面；而波长短的紫、蓝、青色光，碰到大气分子、冰晶、水滴等时，就很容易发生散射现象。被散射了的紫、蓝、青色光布满天空，就使天空呈现出一片蔚蓝了。

太阳落山时的傍晚，天空不显现蓝色而显现红色，也是一样的道理。由于傍晚的光照射过来要遇到众多的微粒，阳光中的紫色的和蓝色的部分往四面八方散射开去，仅留下一点点肉眼看得见的橙红色光线——因为它们的波长长，翻过了路上的障碍。

如果空气中的粒子大小改变，那么天空的颜色也随之改变。比如，火山爆发，火山灰等污染物剧增时，天就会变成红色。

如果空气中的粒子大小正合适，人们甚至可以看到蓝色的月亮。这也许就是俗语 "once in a blue moon" 的出处，表示一种千载难逢的机会。

既然天空的颜色取决于空气粒子，火星的天空可能是粉色或黄色的，因为火星表面有一层薄薄的大气灰尘。

距离地面越远的地球大气层，空气中的分子越稀少，很难散射日光，天空也就不是蓝色，而是墨黑色的。

3. 为什么初升的圆月那么大?

　　的确，地平线上初升的月亮看起来特别大。但事实是，这只是一种光学错觉，即"月径幻觉"。"月径幻觉"是一种自然现象，由于地面参照物使得人眼产生错觉，让月亮在地平线处显得比较大。

　　下面我们来证明一下。首先手持一枚硬币，并张开手臂，将初升月亮的相对大小比作硬币的尺寸。然后当月亮高悬空中时再重复一次，你会发现其实月亮的大小还是一样的。

　　这一方法也适用于初升的太阳或落日。不过，一般情况下你很少会盯着太阳看，所以常常只注意到初升的圆月特别大。顺便提一句，人们看星座时同样会有这种效应。当星座位于远处高楼正上方时，要比在遥远的天际显得大。

　　那么究竟是什么导致这种效应呢? 似乎还没有标准答案。这可能与我们对天空的错误认识有关，因为我们常认为天是扁平的，而非百分百的球形。试试弯下腰来，从自己的两腿之间观察初升的月亮，所有的事物都是倒置的、陌生的，这时神奇的事情发生了，月亮不再显得特别地大，"月径幻觉"消失了。

天空
SKY

4. 月相是如何产生的？

月亮的外形常会发生变化：月牙形的、半圆形的、凸形的、满月形的等。月相的一个完整周期大约为 29.5 天，称为一个农历月。

与太阳不同，月亮自身不会发光。只有当它反射太阳光时，我们才能看到月亮。我们看到月亮的形状不断变化，是月亮从不同角度被太阳照射，照亮的表面大小不同，这就是月亮的相位变化，称为"月相"。

和地球一样，月亮有发光面（朝向太阳）和阴暗面（背向太阳），总有一半是照亮的，没有永远的阴暗面。

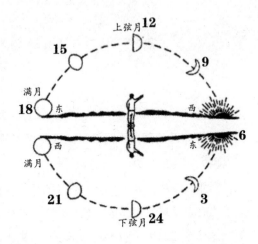

当月亮和太阳处于同一方位时，月亮从背后被照亮。从地球上看，我们看到的是黑暗面，这就是"新月"。大约一周后，月亮完成了第一个 1/4 周期，这时太阳从西面照射月亮，我们看到半圆月。又一个星期后，月亮处在太阳的对面，从地球上看，我们正好看到月亮的发光面，这就是"满月"。最后，完成 75% 的运行轨迹后（末 1/4 周期），月亮从东面被照射，西面半球的月亮为黑暗面。

月相的第一周时,月亮出现在上半夜;而末 1/4 周期时,月亮出现在下半夜。当月亮处于太阳对面时才有满月,所以日落后月亮出现,日出时月亮消失,因此我们整夜都可以看到月亮。

平均一个农历月周期为 29 天 12 小时 44 分 2.9 秒。农历月现今仍是犹太人、穆斯林的日历周期。

从月球上看,地球同样经历各种相位。在新月期,宇航员可以看到完整的地球。

5. 什么是月食?

当月球运行至地球的阴影部分时,月球和地球之间的区域,会因太阳光被地球遮蔽而出现月食。比较壮观的景象是,月食发生时人们可以看到红铜色的月亮。

月食的发生,需要地球恰好处于太阳、月球的中间,所以月食只能发生在满月前后(农历十五前后)。

地球在背着太阳的方向会出现一条阴影,称为地影。地影分为本影和半影两部分。完全暗的部分叫本影,半明半暗的部分叫半影。月球在环绕地球运行过程中有时会进入地影,这就产生月食现象。当月球整个都进入本影时,就会发生月全食;但如果只是一部分进入本影时,则只会发生月偏食。月全食和月偏食都是本影月食。

　　在月全食时,月球并不是完全看不见的,这是由于太阳光在通过地球的稀薄大气层时受到折射进入本影,投射到月面上,令月面呈红铜色。

　　有时月球并不会进入本影而只进入半影,这就称为半影月食。在半影月食发生期间,月亮将略为转暗,但它的边缘并不会被地球的影子所阻挡。

　　月全食可以分为七个阶段:(1)月球刚刚和半影接触时称为半影食始,这个时候肉眼觉察不到;(2)月球同本影接触时称为初亏,这时月偏食开始;(3)当月球和本影内切时,称为食既,这时月球全部进入本影,全食开始;(4)月球中心和地影中心距离最近时称为食甚;(5)月球第二次和本影内切时称为生光,这时全食结束;(6)月球第二次和本影外切时称为复圆,偏食结束;(7)月球离开半影时,称为半影食终。完整过程将持续约1小时40分钟。

在月偏食时没有食既和生光,半影月食只有半影食始、食甚和半影食终。

下两次的月全食将发生在 2014 年 4 月 15 日（美洲、澳大利亚可见）、2014 年 10 月 8 日（北美、东亚、澳大利亚可见）。

6. 什么是日全食？

日全食无疑是你所能看到的最壮观的自然现象。这一生一定要看一次，不然太遗憾了！

日全食是日食的一种，即太阳被月亮全部遮住的天文现象。如果太阳、月球、地球三者正好排成或接近一条直线，月球挡住了射到地球上去的太阳光，月球身后的黑影正好落到地球上，这时发生日食现象。处在地球上月影里的人们开始看到阳光逐渐减弱，太阳面被圆的黑影遮住，天色转暗，全部遮住时，天空中可以看到最亮的恒星和行星，几分钟后，从月球黑影边缘逐渐露出阳光，开始生光、复圆。日全食持续时间很短，只有几分钟。

有时月亮和地球的距离比较远，因此不能覆盖整个太阳，就形成了"日环食"。

下两次日全食将发生在 2015 年 3 月 20 日（北大西洋、斯瓦尔巴德群岛可见）、2016 年 3 月 9 日（太平洋、印度尼西亚可见）。

天空
SKY

7. 为什么夏天是温暖的，冬天是寒冷的？

地球的运行轨迹不是一个标准的圆，而是呈椭圆，所以地球和太阳的距离总会变化。不过，这个与四季变化毫无关系！否则地球上的任何地方应该是同一个季节。但是，我们知道，当南半球为冬季时北半球就是夏季，相反也成立。

实际上，四季的产生是缘于地球旋转轴的倾斜角。就如我们所见的教室里的地球仪，地轴与竖直方向成 23.5° 倾角。正是由于地球是倾斜着绕太阳旋转的，才使得太阳光的直射以赤道为中心，以南北回归线为界限南北扫动，每年一次，循环不断，从而形成了地球上一年四季顺序交替的现象。

6 月，地球北半球倾向太阳，南半球则远离太阳，再过六个月，恰好相反。夏天里，白昼比黑夜长些。而且，太阳在空中挂得更高，对地面的照射更有效，地面温度更高。到了冬天，黑夜比白昼更长，太阳位置要低些，没有足够强度来温暖地球。

在北半球，6 月 21 日日光最盛，为夏至时分；12 月 21 日日光最少，为冬至时分。由于海洋和大气对日光的缓慢调节作用，实际上一年中最热或最冷的日子要在夏至或冬至之后。

大约在 3 月 20 日和 9 月 22 日，太阳光正好直射地球的赤道，也就是春分、秋分节气,这时白天与黑夜时间等长。

任何一个有旋转倾角的星球都有四季变迁。火星的季节与我们地球相似(倾角相似),但是周期要长些(轨迹周长长)。不过因为火星的轨迹远比地球轨迹更加椭圆狭长,其季节变化更为极端。

8. 星座是什么?

几千年前,古人抬头遥望星空,将分散分布的星星根据想象划分出各种形态。有些星群形似动物,例如公牛、狗、熊等,这就是星座的由来。后来一些星群以一些神话人物命名。

古希腊天文学家托勒密(Ptolemaeus,约90—168)共整理编制了48个星座。最为著名的有:大熊星座、猎户座、狮子座、天鹅座、金牛座、仙后座、双子座、武仙座。在16世纪后期,荷兰水手绘制了南天图,并增加了新的星座,如杜鹃座和天燕座。

后来,又一些较新的难以觉察的星座也加入了北半球,比如狐狸星座和蝎虎星座。国际天文学联合会把全天精确划分为88个星座,并明确了它们在夜空中的每个位置。

星座中的星星之间距离遥远,互不相关,所以星座其实就是一组星群。一个相邻的星星与一个超远距离的星系可能同属于一个星座,只要它们在夜空中看起来相近。所以有时候,从地球上看,这些星座的形

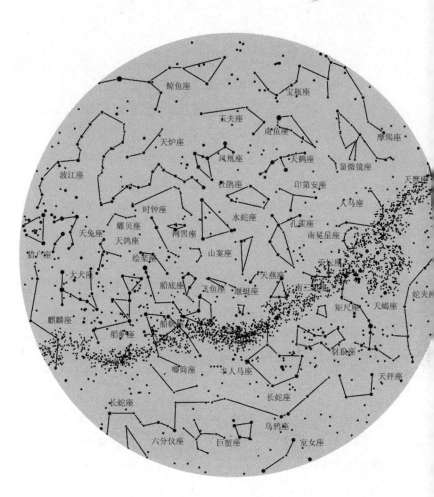

状会随着时间推移而慢慢改变。正是因为这些星星在空中精密运行，才有了我们眼里的星座。

　　有些星座总能看到，而有些却不然（除了地处赤道的人们）。大多数星座只有在特定季节才能观察到。印第安土著民也发现过"黑云座"，在银河中的黑暗云尘里，黑云座看起来有些像美洲豹。

⑨ 什么是黄道带？

太阳、月亮和其他行星都是在恒星的背景中运动，也就是说它们从一个星座运行至另一个星座。就太阳而言，我们虽看不见它的背景星座，但通过观察，人们还是能够推测出太阳的运行轨迹。

结果发现，太阳、月亮以及其他行星在太空中并非是随意运动。比如它们永远都不可能出现在大熊星座和猎户座。

太阳、月亮以及其他行星的运行局限于12个星座带，也即黄道十二宫。黄道十二宫与黄道十二星座相对应，分别是白羊座、金牛座、双子座、巨蟹座、狮子座、室女座、天秤座、天蝎座、人马座、摩羯座、水瓶座和双鱼座。黄道十二星座的名字并不全是动物，许多是人物，而且天秤并不是生物。

黄道（ecliptic）是一年当中太阳在天空中运行的路径，也是地球的轨道面在天球中形成的圆形路径。很久以前，黄道被划为12等份（黄道带），这或多或少与十二星座相对应，不过星座大小不同。占星术认为一个人的性格特点取决于人出生时太阳、月亮及行星在黄道带中的位置。

实际上，由于地轴的缓慢改变，黄道带和星座不再对应。这种变化大约是2100年移动一个星座。而且，黄道（太阳的路径）还穿越非黄道带星座蛇夫座，这与占星术不符。

黄道带包括一些较明亮的星座：金牛座、双子座、狮子座、室女座、摩羯座。

10. 什么是银河？

银河是一条横跨夜空的白茫茫的亮带，人们可以在没有月亮的夜里看到它。

古希腊神话认为，银河是女神赫拉在给赫拉克勒斯哺乳时洒在空中的乳汁形成的，称它为牛奶路。英文中的银河（Milky Way）就是这么来的。在挪威的神话中，银河被称为冬天之路，这条幽灵般的银河在冬天最易见，传说是人死后灵魂走向殿堂的道路。

美丽的神话故事不能代替令人满意的科学解释。银河究竟是什么呢？望远镜发明以后，这个问题得到了正确的答案。17 世纪初期，伟大的意大利科学家伽利略把他自己制造的望远镜对准了银河，惊喜地发现银河原来是由许许多多、密密麻麻的恒星聚集在一起而形成的。由于这些恒星距离我们太远，人的肉眼分辨不清，把它看成了一条明亮的光带。

天文学家赫歇尔（William Herschel，1738—1822）和凯卜庭（Jacobus Kapteyn，1851—1922）通过细数天上的星星来研究推测银河三维形体。现在，我们知道银河是一个巨大的扁平盘状体，带有螺旋臂（注：螺旋臂是从银河中心延伸至外并且环绕着中心的区域，这些长且薄的区域类似旋涡），内有无数恒星。太阳则位于扁平盘状体的外圈。

那么为什么我们所见的银河是一条环形光带呢？我们可以打个比方：你居住在一个巨大的郊区，在那里，所有的建筑都清晰可见。城市较平坦，因此，当你夜里极目四望时，会看到来自城市中心的光线多数都聚集向你，但无论朝上看还是朝下看，你都看不到高大建筑或地铁站的灯光。同样，银河便与你一样，是投影的中心。

遗憾的是，赫歇尔和凯卜庭对银河大小的估计过小，以为太阳处于银河中心，忽略了星际尘埃对光的吸收。其实，在银河系中充斥着星际尘埃，这些星际尘埃能遮蔽星光，所以虽然我们看到银河系里繁星点点，其实这些都是和太阳较接近的恒星，而在银河系中那些距离我们1.5万光年以上的星星，即使用最大的望远镜也难看到。因为星际尘埃对光的吸收，我们只能看到较近的星星，而且星星的数量随距离而递减。这就好比在一个雾夜，在城市郊区，你只能看到一定距离内的光源，看起来你好像处于中心位置。

到了20世纪50年代，射电天文学发展起来，它是通过观测天体的无线电波来研究天文现象的一门学科。无线电波波长较长，可以在星际通行无阻，从而避免星际尘埃的影响，通过计算分析，才了解到银河的真正大小、螺旋结构和动力学数据。

11. 为什么会有流星?

细细观察天空 15 分钟,你会发现有些东西在空中移动。

如果它闪烁,还有红光,那很可能是飞机;如果它是亮橙色,移动缓慢,那可能是泰式空中灯笼,通常是成群出现;如果它平稳运动,持续几分钟,那么可能是人造地球卫星;如果它像金星一样明亮,很有可能是国际空间站;但如果是星星样的,迅速划过天际,转瞬即逝,那极有可能就是流星。

流星出现在地球大气层上约 8 万米的高空。那么流星是怎么来的? 这是星际空间的小沙粒、小物体进入大气层,与大气摩擦产生的光和热。

越大的颗粒产生的流星越亮。最亮的流星通常呈火球状,可带出流星尾巴,持续十几秒。如果颗粒足够大,燃烧残骸会落到地面,形成陨石。不过一般很难找到陨石,除非是落在南极雪地上或者撒哈拉沙漠里。

流星雨是一种成群的流星,看起来像是从夜空中的一点迸发出来,并坠落下来的特殊天象,这一点或一小块天区叫作流星雨的辐射点。这种效果,和你在暴风雪中开车所见之景类似。

每年流星雨基本发生在同一天,较著名的是 8 月 12 日或 13 日的英仙座流星雨,这是根据流星雨所在星座而命名的。

其他流星雨还有:象限仪座流星雨(1 月 4 日),天琴座流星雨(4 月 22 日),天龙座流星雨(10 月 9 日),猎户座流星雨(10 月 22 日),金牛座流星雨(11 月 6 日),狮子座流星雨(11 月 17 日),双子座流星雨(12 月 14 日)。

12. 我们能看到多少星星呢？

这个不一定。如果是在一个晴朗透明、没有月亮的夜晚，远离城市灯光，我们肉眼可见的星星大约有几千颗。如果身处大城市，那么只能看到几颗较亮的星星，稍暗些的星星由于光污染而看不清，这是业余天文爱好者的重大障碍。

为了衡量星体的明暗程度，希腊天文学家创造了星等这个概念。最亮的星星定为 1 等星，裸眼可见的最暗的星星定为 6 等星。这种分级法至今仍在使用，而且更加精细。

星等相差 5 等，亮度就差了 100 倍。而有些星星比 1 等星还亮。于是就将星等精确到 0.01 等，并有了负星等的概念。把比 1 等星还亮的定为 0 等星，比 0 等星还亮的定为 –1 等星，以此类推。比如，参宿四 0.50 等，织女星 0.03 等，天狼星（空中最亮的星星）–1.46 等，太阳 –26.8 等。

只有 50 种星星亮度超过 2 等（可以在城市夜空看到），约 500 种星星亮度超过 4 等，约 5000 种星星亮度超过 6 等（裸眼的极限视力）。

使用望远镜，可以极大地提高人们的可视范围。小型的业余望远镜就将 10 等亮度的星体显示出来。哈勃望远镜能将亮度在 30 等的星体展现在眼前，这对肉眼而言是极其微弱的亮光。

　　星等又分视星等和绝对星等,视星等是地球上的观测者所见的天体的亮度,这与天体的距离有关。尽管参宿四比织女星发射更多光能,但参宿四看起来更加暗淡,因为织女星较近。

　　绝对星等测量的是星体的实际发光能力。就像是把这些星球放在与我们距离相等的地方进行比较。这个统一起跑线定为 10 秒差距(秒差距是天文学上的一种长度单位,被测星体与地球公转轨道的平均半径构成的一个三角形,其夹角为 1 角秒时该星体与地球的距离定为 1 秒差距,约为 3.262 光年)。这样参宿四为 –5.1 绝对星等,而织女星为 +1.43 绝对星等。所以事实上参宿四远比织女星明亮。

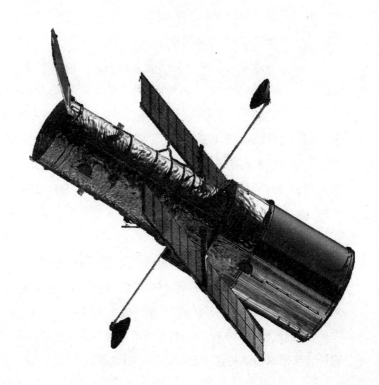

地球

13. 地球为什么是圆的？

　　除了一些耸起的崇山峻岭，地球看起来一望无际、广阔平坦。人们要认识到地球是圆的，并非易事。

　　不过也有大量证据表明，地球是圆形的。比如，出海船只即使是远航到地平线尽头，船看起来依然庞大；若地球是平的，那么我们眼里船只应该是越来越小，变成了一个小黑点。又如，在月食发生时，地球处在太阳和月球之间，地球在月球上的阴影是圆弧形的。还有，如果人们朝着一个方向航行前进，最终他们会回到原来的始发地。另外，有大量从太空拍摄的照片，特别是来自月球的照片，证明我们的地球是非常规则的球形！

　　早在公元前 240 年，就有人对地球大小进行估计，他就是亚历山大博物馆的首席管理员艾瑞斯·托色尼斯。在夏至时分，色弗尼（阿斯旺）的竖直柱子没有影子，因为此时太阳恰在头顶。但是，在亚历山大城的柱子却有阴影。分析发现，亚历山大城的太阳与竖直方向成 7° 夹角，大约是整圆的 1/50。知道了色弗尼与亚历山大城之间的距离后，可计算出地球的周长约为 39,000 千米，其误差仅有 1000 千米。

实际上,地球并不是一个标准的球形。在赤道处,其旋转速度约 1700 千米 / 小时,地球的腰围在向外膨胀。同时,地球内部的不均匀熔化,导致地壳起伏波动。地质学上的大地水准面是指平均海平面通过大陆延伸勾画出的一个连续的封闭曲面。

14. 我们为什么会双脚着地?

简单地说,是因为地心引力! 引力是物质之间的一种相互吸引力。就目前所知,宇宙中的一切都有引力。站在你身边的人和你之间存在这种引力,你口袋里的硬币和你之间也存在这种引力。

不过这种引力相对较微弱。张开手臂,地球对人的总引力可以使手臂下垂。虽然引力较微弱,但它会随着物质质量的增加而增加。对于小的物体,地心引力可以忽略不计;但对于大的物体,如地球、太阳、星系,这种引力就十分可观。

顺便提一句,引力是相互的。地球对你有地心引力,你同样对地球有引力。不过,由于地球十分巨大,你的作用力尚不能撼动地球。

正是因为地心引力,我们的双脚才紧贴地面;也正是因为地心引力,月亮才绕着地球运转。

牛顿推算出引力大小与距离的平方成反比。即距离扩大 2 倍,引力变成原来的 1/4 大小;距离扩大 3 倍,引力变成 1/9。牛顿还证明,在

"与距离的平方成反比"的引力作用下，星球的运行轨迹是椭圆的。天文学家开普勒也发现了这一点。

　　不过，牛顿只是描述了引力的表现形式，更深入的认识来自科学家爱因斯坦的相对论理论（1915）。爱因斯坦的相对论是关于时空和引力的基本理论，根据相对论，引力是因为地球的质量造成空间扭曲而成。所以，地球在时空里创造山谷，就像保龄球落入蹦床。

　　那么，地心引力的本质是什么？爱因斯坦、牛顿都没有猜透。也许它是分子（引力子）之间的相互交换，好比是来回碰撞球拍的网球。遗憾的是，尽管已取得了里程碑式的成就，至今仍无法用引力子来很好地阐述引力，引力的量子理论依旧那么晦涩难懂。

15. 是什么让地球变得如此特别？

　　是生命！地球是唯一有生物生存的星球，当然还有其他特性，有些与生命相关。

　　在太阳系的4颗岩态行星里，只有地球表面有液态水，水是生命起源、生存的必需物质。金星和火星在形成之初，可能也有过水。但是因金星离太阳较近，海水蒸发了，最终成了"温室星球"。火星比地球小些，它的热量丢失十分迅速，同样，空气、水蒸气也都散失到太空，只留下了冰。

　　地球具有适宜生命发源的黄金组合：地球大小合适、与太阳距离适

中。如果地球小一些,就会如火星一样温度太低;如果离太阳近些,就会如金星一样温度太高太热。

地球还是唯一拥有月球这一卫星的岩态行星。月球的引力作用可以纠正地轴的倾角,使得地球气候适宜于生物生存繁衍。

地球内核持续进行着核反应。慢慢地,带电流体产生磁场。磁场能够阻挡来自太阳、太空的有害粒子,保护生命。

此外,地球是太阳系中唯一具有板块构造的行星,这可以阻止大气中二氧化碳的堆积。

地球是一个巨大的自我调节系统,在生命和环境的相互作用下,地球适合于生命的生存与发展。

16. 什么是板块构造学说?

1620 年,英国人弗兰西斯·培根(Francis Bacon)发现,非洲与南美洲的海岸线可以拼在一起。

20 世纪初,德国地球物理学家魏格纳(Alfred Wegener)猜想:有没有可能所有大陆原本是完整的,后来才漂移分开? 很遗憾,魏格纳在 1930 年考察格陵兰冰原时遇难身亡,他没能见证自己的猜想所带来的重大突破 —— 大陆漂移说。

到 20 世纪后期,魏格纳的伟大猜想逐步得到证实,并不断发展,形成了现代理论 —— "板块构造学说"。根据这一新学说,地球表面覆盖着不变形且坚固的板块(地壳),这些板块以每年 1~10 厘米的速度在移动。有两种地壳,其一为大洋,比较薄,密度大;其二为大陆,轻,但比较厚,浮得高些。

地球的皮肤(岩石圈)在熔化的岩浆上漂浮。岩石圈裂开变成一些板块。当板块裂开时,中间出现裂隙脊。火山岩浆会迅速流入,灌注空隙,形成新的地壳。大洋随之延伸,大西洋曾只是一个小水坑。当两个大陆板块相撞时,地壳向上突起,形成山脉,譬如喜马拉雅山。如果大陆板块和大洋板块相撞,大陆上移,大洋下降,形成山脉(如安第斯山脉)和火山。

值得关注的是,目前在非洲仍有一个新的海洋在生成。在埃塞俄比亚,有三个板块正在分裂,这里的缝隙将由海水填满。

　　根据板块构造理论,约 2.5 亿年前,地球表面只有一块超级大陆,它分裂后才形成了现在的各个大陆。板块运动的驱动力来自地球内部热岩浆的上升和冷岩浆的下沉,这与平底锅加热水的道理相似。岩浆运动的能量来自地球内核的核反应。

　　地球形成之初是个熔融的星球,稠密的铁浆沉到地心,较轻的岩石浮到地表。没人知道最初破裂的岩石如何形成板块,也许只是简单的冷却收缩,有可能是受太空的影响形成。液体水在板块运动中起到重要的润滑作用。与地球大小相仿的金星,因没有水而没有板块运动。

17. 地球内部为什么会熔化?

　　其实地球并没有熔化,至少地球最中心是不熔化的。地球有一个固体内核和液体外核,内核的主要成分是铁和镍。标准状态下,铁的熔点为 1536 摄氏度,但随着压力升高,物质的熔点会升高。由于内核压力实在太大,铁无法熔化。

　　固体内核直径为 2430 千米,是月球直径的 70%,温度为 5430 摄氏度。液体外核厚约 2250 千米,温度范围为 4400~6100 摄氏度,可能含有硫和氧。外核带电流体形成地球磁场。如果整个地核是固体,那么磁场也就消失了。地球是一个分层的物体,重金属(铁、镍)因引力作用而沉入地球中心。

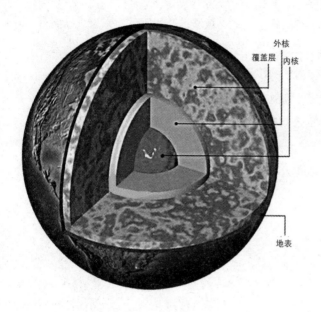

外核
覆盖层　内核

地表

地球内部为什么如此火热？有两个热量来源：一是行星形成后的残余热，二是放射性物质衰变释放的热量。现在的地球，是原始行星相互碰撞融合而成，这个过程释放了大量热量。早期地球完全熔化，使得地球分层成为可能。放射性物质（铀、钍）缓慢衰变成更轻的元素，同时在地核和地幔产生大量热。

地球缓慢地将内部热量散发到外部空间，从而逐步降温冷却。但是，大行星所拥有的热量远比小行星多，而且大行星的相对散热面积比小行星小，因此散热更加缓慢。大人散热比婴儿慢，也是同样道理。

所有地质活动，包括火山爆发、地震、造山运动等，都是由地球内部热量释放所驱动的。

地球
Earth

18. 地球几岁了?

想要知道地球的年龄,我们还要顺带思考太阳的年纪,因为太阳不可能比地球年轻,否则地球早已冻成固体。

太阳发光所能持续的时间,取决于它的热量释放。早在19世纪科学家就针对这个问题进行了测量。19世纪是蒸汽机的时代,物理学家很容易想到:太阳是不是一个不断燃烧的煤炭物质? 太阳,所有燃料的源泉,究竟能烧多久呢? 当时认为约5000年。

5000年,太短暂了。爱尔兰大主教从《圣经》中推测出,地球诞生于公元前4004年10月23日上午9时。

地质学和生物学研究告诉我们,地球至少有几十亿岁了。这期间,山脉耸起,生物从同一个祖先进化发展而来。物理学也有一些重要证据,如岩石中放射性铀元素,以一定速率衰变为铅,所以铀铅比例可以作为时钟,据此推测地球有几十亿岁了。1907年,美国物理学家博尔特伍德(Bertram Boltwood)通过测量岩石中的铀铅比,估计地球约有22亿岁。

实际上,地球上最老的岩石大约有40亿岁。当然地球的年纪要更大些,问题是,地球到底几岁了?

计算地球年龄的最好方法是分析陨石。根据推测,地球年龄为45.5亿岁。这样说来,太阳、地球的年龄是宇宙的1/3,宇宙是在大约

137 亿年前的大爆炸中形成的。

如果太阳是煤炭组成的,它燃烧的时间不可能这么久。这就是说太阳的能源物质比煤炭浓缩上亿倍。这种能源物质的确存在 —— 核能。太阳将氢聚变成氦,副产物就是太阳光。

19. 如何躲避太空危险?

太空是一个危险的空间,弥散着致命的射线、粒子、陨石和小行星。相对而言,地球是一个安全领域,因为地球有一层大气层和地球磁场保护着我们。

带电粒子如质子、电子,它们来自太阳风,或超新星,或极度活跃的星系。它们以近乎光速穿越太空时,十分危险。登月宇航员或是火星探索飞行人员,极易被这强烈的太阳耀斑、辐射所伤害,有些可能因宇宙射线而患上皮肤癌。地球磁场可以使这些太空粒子运动轨迹偏移,不至于到达人体。月球、火星的磁场强度极弱,因此危险升级。

大多数高能危险射线(紫外线、X 射线,主要来自太阳),可以被空气里的分子吸收,否则人们同样易患癌症。小的陨石会逐渐减速,在大气里汽化消散。在没有空气的月球,一些小卵石会刺破宇航服及月球基地。

此外,还有许多宇宙冲击可能威胁地球上的生命。不过,在人有限

地球
Earth

的一生中,这些事很少会发生。一个真正的太阳耀斑,足以破坏发电站、损毁电力系统、阻断通信网络,造成大面积混乱。地球也可能被一颗小行星或彗星撞击。一颗直径1千米的小行星,足以摧毁一片大陆;而直径10千米的小行星,足以引起世界大灾难。

这些太空威胁也有有利的一面,辐射会引起基因突变,宇宙冲击会改变地球的生态环境,这些都有助于生物进化。没有这些,也许就没有我们。

20. 冰河世纪是怎样产生的?

冰河世纪是指在地质历史上曾经出现过的气候寒冷的大规模冰川活动时期。对于地球气候的长期演变,人们了解得还不多。冰河世纪是如何产生的,没人真正知道,原因也许不止一个。

地质学研究表明,冰河世纪最先发现于19世纪。到19世纪70年代,人们才开始认真思考冰河世纪的再现问题。

在过去的25亿年里,地球至少经历了5次大的冰河世纪。大多数持续长达几亿年。最严重的一次发生在8.5亿~6.3亿年前,那时几乎整个地球结冰,就像是一个"冰雪地球"。由于大规模的火山活动,那次的冰河世纪才得以结束。最近的一次冰河世纪发生在258万年前。

在冰河世纪里,又有多次大幅度的气候冷暖交替和冰盖规模的扩展或退缩时期,这种扩展和退缩时期即为冰期和间冰期。在过去的 74 万年里,间隔发生过 8 次冰期,我们现在处于间冰期。冰期最初每隔 41 万年重复一次,然后是每隔 10 万年。现在的间冰期开始于 2 万~1 万年前。

这种长期的气温变化,可能是由温室气体量的改变造成的。也有可能是因为板块运动导致大陆位置变迁,从而引起大洋潮流及气候变化。

在第一次世界大战时期,塞尔维亚工程师米兰科维奇(Milutin Milankovic)提出,地球运行轨道的缓慢变化,可以使地球在长时期里变冷,甚至出现冰河世纪。确实如此,地轴倾角每隔 41 万年从 22.1° 变到 24.5°,地球轨道长度每隔 10 万年 和 40 万年会发生变化。

"米兰科维奇循环"似乎可以说明冰期和间冰期的交替,但其中的原理至今不明。而且,地球轨迹和倾角的变化十分微小,似乎还不足以引发冰河世纪这样的巨变,更不要说"冰雪地球"这样的大灾难。因此,冰河世纪的产生,仍是未知之谜。

月球

21. 月亮有多大，有多远？

月亮是离我们最近的宇宙邻居，它是地球唯一的自然卫星，也是人类唯一涉足过的其他星体。

地球与月球的距离（球心到球心）约 384,400 千米。假如你一刻不停以每小时 100 千米的速度行驶，大约需要 6 个月时间才能到达月球。月球运行轨道不是标准的圆，而是椭圆。地月距离在近地点为 362,000 千米，在远地点为 407,000 千米。在近地点，月亮看起来比平时要大些。要是在近地点恰逢满月，月亮就显得更大了。

月球运行速度为每小时 3600 千米，绕地球一周需要 27 天 7 小时 43.1 分钟。相邻两个满月之间的时间要稍长些，需 29 天 12 小时 44 分钟，因为地球同时还绕着太阳转动。

月球直径 3476 千米，是地球直径的 27.3%。月球表面积为地球的 7.5%，体积仅为 2%。月球含有铁核心和岩石地幔。其密度要比地球小些，含铁量比地球低，月球的质量是地球的 1/81。月球表面引力是地球的 1/6，也就是说到了月球，你的体重将变成现在的 1/6。

月球是地球最大的卫星，也是太阳系中第五大卫星，位居木卫三

（木星的最大卫星）、土卫六、木卫四和木卫一之后。

22. 月亮为什么不会掉落？

这个问题并不可笑，要知道，当我们向上扔球时，由于地心引力作用，球总会落下。那为什么月亮不会掉下来呢？

牛顿用图像解释这个问题。加农炮（注：加农炮是指发射仰角较小，弹道低平，可直瞄射击，炮弹膛口速度高的火炮）射出球后，球在空中划出圆弧然后落下；大一点的加农炮能将球射得快些，远些。现在我们假设有一个超级巨大的加农炮，它射出的球特别快速，特别远，以至于可以看到地球的弧度。当球就要落下时，地球表面因为有弧度而始终与球保持着距离，这样，球再也掉不下来了！结果就是，球绕着地球在圆形轨道内运转。

同理，月球一直向着地球下落，却永远到不了地面。牛顿的天才分析让我们知道了，月球和树上的苹果一样，都在下落（据此他得出了牛顿第一定律）。人造卫星在围绕地球运行时，也在下落。但是如果很靠近地球，它们将被地球的大气层所阻挡，并最终损毁掉落。

围绕地球运行需要的速度很快，但如果是一颗小行星，其引力也小，只要你跑得够快，就可能绕着它运转起来。

月球
Moon

23. 月亮有阴暗面吗?

答案是:有。月亮自身不会发光。只有当它反射太阳光时,我们才能看到月亮。所以任何时候,月球总有一个发光面(朝向太阳)和一个阴暗面(背向太阳),相当于地球的白昼和黑夜。

人们有个误解,认为远离地球的月半球就是阴暗面。其实不尽然,月球上没有一个区域是永远的阴暗面。在新月期,月球和太阳几乎在同一方位。此时月球朝向地球的半球是黑暗的,而远离地球的半球则是发光面。从地球上看,我们永远只能看到近地侧的月球;直到1959年10月,有了月球3号探测器拍摄的照片,人们才看到了远地侧月半球。

人们还有一种错觉,认为月球没自转。其实不然,月球的自转周期恰是环绕地球一周的时间。许多行星的卫星都有同步自转,这缘自潮汐引力。

你可能以为,在地球上只能看到一半的月球表面。但其实,我们可以看到约59%的表面积。

在遥远的未来,月球若停止公转,那么我们将永远只能看到月球的一个面,就像冥王星和冥卫一。

24. 月球为什么是坑坑洼洼的？

太阳系在其形成之后，还有很多燃烧后的残留岩石，包括一些小行星、彗星等。在太阳系 45.5 亿年的历史里，各种行星、卫星等在星系里运行，周围还有很多的太空残骸。

月球上的凹坑，是这些太空残骸撞击造成的。由于月球没有气候变化、地质运动，这些凹坑不易平复消失。可以这样说，月球的坑坑洼洼，记录着太空的历史。

最大的撞击发生在大约 38 亿年前，称为太阳系后期重轰炸期，又名月球灾难，月球外壳几乎被撞破。岩浆涌入填充这些撞击凹坑，形成了月球的"海洋"。后期重轰炸期的发生，造成了大量陨击熔石，有的陨石比洛杉矶还大。

有些凹坑，可以看到陨石碎片撞击产生的辐射纹和一些次生小月

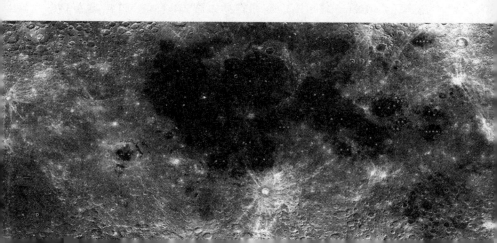

坑链,比如直径达 93 千米的哥白尼月坑。

地球上的很多撞击凹坑已经消失,但还有一些留存下来。比如公元前 5 万年,陨石撞击美国亚利桑那州沙漠留下的丑陋疤痕 —— 巴林杰陨石坑,宽有 1.2 千米。再如 Chixculub 陨石坑,宽有 180 千米,部分处在海底。据说,就是 6500 万年前的这次小行星撞击,才导致恐龙灭绝。

25. 月球如何影响地球?

地球上每天有两次潮涨潮落。牛顿最早提出,潮水与月球有关。

地球的潮涨潮落缘于月球的潮汐引力。潮汐引力又称天体引潮力,是天体间普遍存在的一种差别引力。月球直对海洋时引力最强,背对海洋时引力最弱,所以海水向两个方向漫延。由于地球每 24 小时自转一周,所以一天有两次涨潮。

月球的引潮力导致潮水漫延,这种作用可以对抗地球自转,地球也会反作用于月球。其实,月球引力对海水、岩石都有作用,但是因岩石更坚硬,作用效果不明显。不过,这种对岩石的拉伸,可能导致地震。日内瓦附近的大型强子对撞机观察到,物质随月球每天膨胀和收缩两次。

太阳同样可引起海洋的潮涨潮落,但强度仅为月球的 1/3。当月球和太阳同时作用于海洋时,我们就迎来了大潮。大潮、狂风和喇叭形

河流,造就了"涌潮":潮水涌积,形成直立水墙,持续千米不落,甚至可以冲浪。过去,月球离地球近些,所以潮水比现在要大。

除了潮水,月亮还可以完全遮蔽太阳,从而形成日全食。在古代,人们对日全食十分恐惧,有"天狗食日"之说。日全食还曾改变历史。公元前 585 年,正当吕底亚人与米堤亚人陷于激烈战争中,土耳其忽然变成黑暗之城,人们认为这是可怕的预兆,才就此放下武器。

26. 没有月亮, 我们会怎样?

没有月亮, 我们极有可能不复存在。

事实1:月亮超级巨大, 远比其他任何卫星都大, 可以说地球和月球就是"双行星"。

事实2:没有几十亿年稳定的气候条件, 地球上的生物无法进化发展。月球起着稳定气候的作用。

可以这样理解:假设没有月球, 地球的自转轴将变得不稳定, 若地球像旋转的陀螺一样倒下了, 到达地面的日光就会随之改变, 引起灾难性的气候变化。但是有了月球, 如果地球倾倒了, 月球的巨大引力可以将其扶正。火星的气候极为恶劣, 正是因为没有这样巨大的月球。

巨大的月球也可以驱使陆地聚集。因为对大潮的吸引, 月球使大洋边缘既高耸又干燥。鱼类因此搁浅, 继而进化出了能在空气中呼吸的肺, 并且逐渐进化为能够陆地行走。

巨大的月球对于科学发展也有重要意义。日全食时, 月球使得遥远的星星看起来离太阳系很近很近。1919年, 人们发现, 由于太阳的引力, 这些星光会弯曲。这也证实了爱因斯坦关于相对论的预测。

1972年, 在小说《月亮的悲剧》中, 艾萨克·阿西莫夫(Isaac Asimov, 美国著名小说家)提到, 如果拥有月亮的是金星, 而不是地球, 科学或许可以提早1000年发展。为什么这么说? 如果有这么一个巨大的月球环绕金星, 那么当时教会所支持的"地球是宇宙的中心"理论, 早就不攻自破。

27. 多少人去过月球?

只有 12 个人登上过月球,其中 9 位仍然在世。最年轻的一位是查尔斯·杜克(Charles Duke),他出生于 1935 年 10 月 3 日,曾经执行过阿波罗 16 号任务。

1961 年 5 月 25 日,美国总统肯尼迪在国会演说中宣布 10 年内实现"阿波罗号月球计划"。阿波罗 8 号、10 号飞往月球后立即返回,未能在月球着陆。1970 年,阿波罗 13 号由于爆炸同样没有着陆。阿波罗 11 号、12 号、14 号、15 号、16 号、17 号成功登陆月球。每次登月任务中,两名宇航员在月球表面行走,一名宇航员在舱内指挥,绕月球运转。

1969 年 7 月 21 日,阿波罗 11 号登陆月球。登月第一人是尼尔·阿姆斯特朗(Neil Armstrong),第二人是巴兹·奥尔德林(Buzz Aldrin)。 他们一共在月球表面行走了 2 小时 24 分钟。阿波罗 15 号、16 号、17 号载有月球漫游车（月球自行车），这使宇航员能够涉足很大的范围，他们分别行进了 17.8 千米、26.6 千米和 35.9 千米。最后一次登月发生在 1972 年 12 月 14 日，搭乘阿波罗 17 号，尤金·塞尔南（Gene Cernan）成为最后一位登陆月球的人。之后的阿波罗 18 号、19 号、20 号计划，由于缺乏政治支持而被迫取消。

宇航员从月球搬回了 382 千克的岩石，深入分析发现，月球可能是早期地球刚形成时分裂出来的一部分。

曾两次飞往月球的有 3 名宇航员，分别是：吉姆·洛弗尔（Jim Lovell），搭乘阿波罗 8 号和 13 号；约翰·扬（John Young），搭乘阿波罗 10 号和 16 号；尤金·塞尔南（Gene Cernan），搭乘阿波罗 10 号和 17 号。但是吉姆·洛弗尔从未在月球着陆。

29. 月球上的脚印会永远留存吗？

不会，但是脚印会留存很长一段时间。

月球上没有刮风下雨现象，所以阿波罗号上的宇航员们留下的脚印不能抹去。但月球上有大量来自太空的微小陨石雨。微小陨石，通常比沙粒还小，在穿越地球大气层时会燃烧，产生流星。而月球没有空气，就没有了保护的屏障，很容易受到陨石的撞击，这会对脚印的保存

产生一定的影响。

　　人们曾经很担心,一部分月球被月尘覆盖,宇宙飞船会下沉而无法追踪。1961 年,著名科幻小说家亚瑟·克拉克(Arthur C. Clarke)发表了小说《月尘如月》(A Fall of Moondust),描绘了月球巡航舰Selene 载着乘客,不断下沉,消失在月尘的海洋里。

　　微小陨石对月球不断轰击,使月球表面的土壤每隔 1000 万年全部翻转一遍。 宇航员留下的脚印就因此不复存在。但是,其上还是有可能比较长久地保留人类文明的。

　　月尘颗粒与我们沙滩上的沙粒有很大差别,微小的撞击就能使月球岩石变成月尘颗粒,这些颗粒有点像融化的小雪花,又有点像毛刺儿,据说还有种火药味儿。一旦吸到宇航服上,月尘颗粒会进到每一个角落、每一处缝隙,宇航员们很难将其去除。

月球
Moon

29. 月球上有水吗？

曾经，人们误以为月球上深色的斑块就是月亮上的海洋。现在，我们知道这是火山熔岩平原。

月球表面是不可能有水的。没有大气层，水会立即沸腾蒸发，消失在太空中。所以月球表面是极为干燥的。对阿波罗计划中带回的岩石进行分析，似乎也证实了"月球是干燥的"。至于发现的微量的水分，被认为是宇航员污染所致。

不过，2009年的印度宇宙飞船在月球表面检测到了水分子 H_2O 或羟基 –OH 的光谱信号。这一结果也由其他宇宙飞船所证实。

极少量的水可能是由太阳风（氢核）与矿物中的氧结合而成的。水分子很松散地结合在月球岩石上，这就是说水能够从月球赤道慢慢地延展向寒冷的两极地区，然后凝固成冰，堆积在月球两极的凹地里，因为那里终年不见太阳。

2009年10月9日，科学家将宇宙飞船 Lcross 撞向月极凹地凯布斯（Cabeus），结果检测到约有100千克的水。月球上的水，对未来建立月球基地至关重要。它们不仅可以提供饮用水，还可以提供火箭能源。然而，根据宇宙飞船 Lcross 获得的信息，月球上的水不是以巨大的冰块的形式存在，而是与泥土混合在一起，很难提取出来。

30. 月球上是一个死寂的世界吗？

月球表面既无大气，也无水分，没有风霜雪雨，没有江河湖海，更不要说鸟语花香的生命现象了。也许你会以为月球冰冷如石，死气沉沉，荒凉可怕。但再想想，在望远镜发明以前，传说每隔几个月，人们都能看到来自月亮的奇异之光。比如，1178 年 6 月 18 日，在英国东南部的坎特伯雷大教堂，5 位修道士看到了月球上的爆炸。

月球上的奇异之光，也是月球最经久不衰的神奇奥秘，被称为"月球短暂现象"（Transient Lunar Phenomena，TLP）。用望远镜观察，发现月球短暂现象是局部事件，光芒长约 0.25 千米，持续几分钟到几小时。TLP 发生时，月球表面会闪闪发光，忽明忽暗，后期还可能发出红宝石色的光芒。

有趣的是，多数奇异之光发生在月球的 6 处地方，特别是直径450 千米的阿里斯塔克（Aristarchus）凹地和直径 100 千米的柏拉图（Plato）凹地。阿波罗 15 号和 16 号以及 1998 年绕月飞行的"月球机器人探勘者"都发现，这 6 处地方有大量放射性氡 222 气体排出。

这 6 个凹地有什么共同点呢？它们有的是近几次陨石撞击造成的巨大凹坑，有的是形成于 38 亿年前、地处月球盆地边界的巨大凹坑。根据阿波罗登月时留下的地震仪数据分析，有些凹地处在 100 多次月震的地方。

6 处凹坑最关键的相同之处是：远古撞击造成的地壳裂缝，使得地下气体逃逸上来。其过程是，内部气体不断涌上来，冲击月球表层土壤，最后在太空中爆炸，从而产生了月球短暂现象（TLP）。只需半吨气体逃逸到太空,就可造成绵延几千米的云层,持续 5 ~ 10 分钟。在地球大气层的折射作用下,我们就会看到奇异之光。

这些气体是从哪儿来的呢? 地月之间的潮汐挤压作用,每年可以磨碎大量岩石,这些岩石累积起来重量可能超过一艘航空母舰,这样每年可释放约 100 吨的气体。

如果月球短暂现象发生在人类登陆的地方,那将是相当危险的。阿波罗 18 号曾经被迫取消登陆,正是因为那次的着陆点恰好位于阿里斯塔克(Aristarchus)凹地。

31. 人类何时能重登月球?

自从 40 年前,美国国家航空和宇宙航行局(NASA)的阿波罗计划停止后,虽然无人宇宙飞船到过月球,但是人类就再也没有涉足过月球。

无人飞船有巨大优势,它可以在月球停留更长时间,覆盖更广地区,收集更多数据,而且更加省钱。但月球是我们最近的太空邻居,载人飞船的登月实践,是我们走向火星等其他星球的重要基石。

2004 年,美国总统乔治·布什宣布重返月球的 "星座项目" :预计于 2020 年,应用新研发的宇宙飞船回归月球,然后飞向火星。"星座项目" 计划用重型 "战神火箭"(Ares),发射 Orion 宇宙飞船和 Altair

登月飞行器。2009 年,重型战神火箭测试成功。

但是 2010 年,"星座项目" 在奥巴马的预算中被取消,同被取消的还有战神火箭。奥巴马宣布 "太空新政":实现人类历史上首次登陆小行星。所以目前美国宇航局没有重返月球计划。同时,欧洲宇航局也不再关注登月任务,而是将焦点放在火星上。

中国可能有载人飞船登月的计划,也许会在 2024 年实现。但是目前还没有官方说明,日本也差不多。到 2024 年,距离人类首次登陆月球将是 56 年。

至于人类飞往火星,自从 20 世纪 60 年代以来,美国航空总署一直承诺 30 年后将会实现。

32. 月球是怎样起源的?

一直以来,月球的起源都是一个谜。阿波罗计划带回来的月球岩石提供了重要证据:月幔的构造组成与我们地球的地幔相似,但月球岩石的含水量远比地球岩石低。

1975 年,威廉·哈特曼(William Hartmann)及其同事提出了大碰撞说(Big Splash Theory):在地球形成后不久,一颗火星大小的天体忒伊亚(Theia)撞击地球,撞击熔化的铁渐渐沉入地核,而熔化的地幔则被抛入太空中,这些撞击碎片(即两个天体的硅酸盐幔的一部

月球
Moon

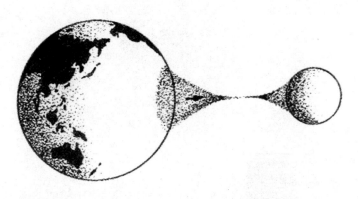

分）最终形成今天的月球。

大碰撞说解释了为什么月幔与地幔相似,为什么月球没有铁核,为什么月球没有水（水在高热、猛烈撞击中消散）。除了这个大月球,可能还形成一些小月球,随后这些小月球与较大月球碰撞,这也解释了为什么较厚的地层在月球远端。

不过还有一个问题:那次的大碰撞,忒伊亚（Theia）没有毁灭地球,是不是说明当时碰撞的速度相当微小呢? 天文学家解释说,就如现在的木星与小行星木马（Trojan）共享运行轨道,忒伊亚（Theia）与地球也有共同的轨道。所以,不管你信不信,很久很久以前,我们的地球有个兄弟,在夜间闪闪发亮。

月球引力引发的潮汐运动,消耗月球能量,使地月系统的运动受到了影响,月球逐渐远离地球,直到现在我们看到的位置。而且,月球还在以每年4厘米的速度远离地球。我们已经知道,是巨大的月球稳定了地球的气候,使地球更适合生命的发展。那么月球上究竟有没有外星生物呢? 生命需要稳定的环境,月球的变化不利于生物生存,所以不大可能有外星人。

太空

33. 太空是什么样儿的？

　　在太空没有人可以听到你的声音，因为声音是由空气振动产生的，而太空是真空的。光只有通过尘埃的散射才能被人眼捕捉，所以光束在太空中是不可见的，这一点恐怕要让星战迷们失望了。

　　太空中几乎没有原子碰触并传递热量，因而没有空气粒子带走多余的热量，过热或过冷都非常地可怕。所以宇航服必须拥有加热和冷却的设备。

　　太空中没有空气以供呼吸，所以宇航员必须携带空气供给设备，通常他们会背一个氧气瓶。太空中也没有压力，所以宇航服需要加压，否则宇航员血液中溶解的氮气就会逸出并置人于死地。在太空中你是失重的，你感受不到重力。如果用地球上的方式去太空生活，那肯定会闹出很多大笑话。比如吃饭时，你端着一碗米饭，米饭会一粒粒飘满你的座舱。

　　在太空中，来自太阳和其他星体的辐射（宇宙射线）无法避免。而在地球，地磁场作为"保护伞"拦截了大部分的辐射。宇航员经常报告看到奇异之光，这是高速的亚原子粒子撞击眼球中的液体而产生的。

太空
Space

太空辐射已成为载人太空探测中所要承受的主要危害,比如在火星之旅中,宇航员需要在辐射中暴露 6 个月。

总之,太空环境与人类所处的地球环境大不相同,那里没有空气,没有重力,且充满了危险的太空辐射。

34. 没有助推,火箭在太空如何运作?

根据牛顿第三运动定律,两个物体之间的作用力和反作用力,总是同在一条直线上,大小相等,方向相反。比如说,当你在跑步的时候,你的脚向后蹬地面(作用力),地面就推你前进(反作用力)。

但是,要获得这样一个反作用力,并非都需要有物体从外部推动。想象一下,你坐在一个雪橇上,雪橇在非常光滑(无摩擦力)的滑冰场中央,你怎样才能坐着雪橇到达滑冰场边缘? 现在,在雪橇上堆放一些砖块,然后一块一块将它们扔出,扔出的砖块会对你和雪橇产生反作用力,使你们移动。

火箭也是采用了相同的原理来运行的,它向后高速喷发气体,喷出的气体对火箭产生向前的推动力,使它们继续前进。随着火箭不断向后喷发气体,它变得越来越轻,喷出的气体对火箭的推动力也越来越大。这种力,在 1903 年由俄罗斯的康斯坦丁·齐奥尔科夫斯基(Konstantin Tsiolkovsky)首次以"火箭方程"的形式加以描述,其核心内容是:基于动量守恒原理，任何一个装置，通过一个消耗自身质量的反方向推进系统，可以在原有运行速度上，产生并获得加速度。

问题是，即使最强有力的火箭燃料亦没有足够的能力将火箭和燃料送入预定轨道，该怎么办？齐奥尔科夫斯基提出了一个解决方案：采用多级火箭。升空时，抛掉火箭的一些部分，使火箭变轻，从而到达预定轨道。这就好比你开车去城里，回家时只剩方向盘和 4 个轮胎，下次要想重新使用，须得重组汽车才行。美国宇航局扔掉了很多航天飞机，所以每次必须重新建造，因此他们每次发射都要花费约 5 亿美元。

高效能火箭的关键是至少在太空有高排气速度，所以燃料的重量要尽量小。目前所用的化学燃料效率比较低下。最终的理想火箭将通过物质或反物质的湮灭获得巨大的推动力，这样，所携带的燃料重量将最小化。

太阳
SUN

太阳

35. 太阳有表面吗?

太阳是由气体组成的巨大球体,所以它不像地球一样有固体表面,但是我们观察太阳时,却感觉它是有表面的,这是为什么呢?

太阳的"表面",实际上就是光球层。我们必须费很大的劲才能穿过太阳,看到其内部的光。想象一下,你站在一个拥挤的街道上,如果想向前走,必须要绕过很多的障碍物,根本无法走直线。光从太阳内部射出,也要经历同样的历程。

太阳核心发出的光粒子走 1 厘米就要被障碍物(电子)阻碍并改变前进方向。如果走直线路径的话,光粒子只需要 2 秒就能从太阳核心到达表面。但是因为障碍物的存在,它实际需要 3 万年才能到达表面。今天我们看到的太阳光,实际上产生于 3 万年之前,当时地球正处于后冰河时代。据不完全计算,太阳还需要 100 亿年才会耗尽储存的热能,所以我们在相当长一段时间内都是安全的。

最终,太阳内部发出的光,经历约 3 万年到达表面后,再以每秒 30 万千米的速度射向地球。只需要 8.3 分钟,经过共 1.5 亿千米,光就可到达地球。所以,如果太阳瞬间消失了,我们在 8.3 分钟后才能发现。

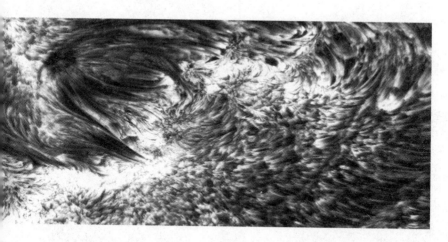

太阳的光球层被定义为：光粒子由曲折前进变为直线前进的地域。虽然光球层不是固体的表面，但是它极为鲜明，若用一个安全的滤器查看的话，太阳看起来像一个光盘。

36. 太阳为什么如此炽热？

太阳炽热的原因很简单：太阳的质量很大，大量的物质由于引力作用向中心聚集并挤压。当气体被挤压时，就会变热，这一点，每个用过自行车打气筒的人都知道。在太阳核心，被挤压的空气会达到1500万摄氏度的高温。

在如此高温之下，物质被分解成等离子体。太阳主要是由巨量的氢气组成,即便把这些巨量的氢气换成巨量的香蕉,也会产生同样的高温。所以,太阳的温度取决于它包含的物质的量,而不是它的成分,成分对内部的热只有一点小影响。

但是,物质向核心的挤压只能解释热的产生,却不能解释这种热是如何维持的。这是另一个问题了。太阳不断向周围空间散发热量,但它却没有冷却,因此一定有东西快速代偿了损失的热量。是什么呢? 是核能。

太阳由氢(最轻的元素)和氦(次轻)共同组成,副产品是光。想象一下最没有效率的核反应吧,太阳内部的两个氢原子核,要经过约 100 亿年才能碰到并融合。但也正因如此,太阳的燃料至少可以用 100 亿年,可为智慧生命(比如我们人类)的进化提供充足的时间。

怎么形容太阳的低效性呢? 打个比方,你的胃与同样大小的太阳核心相比,你的胃产生的热量更多。那么既然太阳产热如此低效,它为什么是热的? 因为它是由难以计数的 "胃" 堆积而成的。

37. 太阳内部是什么样的?

太阳是一个很大的气体球,直径约 140 万千米,主要成分是氢(75%)和氦(24%)。越接近中心,密度和温度也越高。太阳中没有中性原子,原子核(阳性电荷)被磁化为阴性的电子。这种电荷微粒所形成的气体被称为等离子体。

太阳的内部,从里向外,由核心区、辐射区、对流区三个层次组成。

太阳核心区的温度为 1570 万摄氏度,密度为水的 160 倍,这种条件足以触发核聚变而产生光。核心区的直径为 35 万千米,只占太阳直径的 1/4,但太阳 99% 的能量在此产生。

核心区周围是辐射区,厚度为 31.5 万千米,温度由 700 万摄氏度渐降至 200 万摄氏度,能量通过辐射(光)向外发散。核心区和辐射区像实体球一样旋转,核心区转速稍快。

外层区域被称为对流区,厚度为 21 万千米。外层区域就如一个沸腾的锅,高热的等离子体上升,散出热量变冷,然后下降。对流区的旋转速率随深度和纬度而改变,太阳赤道处快,两极慢。

太阳表层下的径向气流 —— "火河" —— 携带等离子体从赤道至极点往复运动。

运动着的等离子体也会使得磁性区域随之运动、折叠、扭曲,这种遭到压制的磁性区域使太阳大放光芒。

38. 太阳黑子是什么?

太阳黑子发生在太阳的光球层,是太阳表面一种炽热气体的巨大旋涡,温度大约为 4000 摄氏度。因为其温度比太阳的光球层表面温度要低

太阳
SUN

1000 多摄氏度,所以看上去像一些深暗色的斑点。太阳黑子很少单独活动,通常是成群出现,形成黑子群,并可以持续数周。

在日落或日出时,肉眼就可看到最大的太阳黑子。中国天文学家和欧洲僧侣曾报告过这种现象。1611年 6 月德国业余天文爱好者约翰·法毕修斯(Johannes Fabricius)第一次通过望远镜,看到了太阳黑子,比伽利略还略早一些。通过观测太阳黑子,他推测出太阳自转可能需要 25 天。

太阳黑子是由于局部磁场过强,使对流停止、温度降低而形成的。大的太阳黑子有一个较暗的中心区,称为本影,有一较亮的周围区,称为半影。

在黑子群(活动区)经常出现明亮的光斑、太阳耀斑和其他爆炸事件。所有这些都是磁现象。

39. 什么是太阳周期?

德国业余天文学家海因里希·施瓦布(Heinrich Schwabe)坚

持不断地观察太阳,希望能够通过太阳黑子来寻找水星轨道内的假想行星。结果,施瓦布意外发现,太阳黑子数变化缓慢,每天为 1828 或 1829 个。但是 1833 年,139 个黑子消失了。10 年后太阳黑子重复相同的变化。1843 年施瓦布发表理论,表明太阳黑子出现的周期为 10 年。

这个理论可由伽利略时代的观测结果证实。之后发现,确切的太阳周期为 11 年。从 1755 年开始计数,我们现在正处在太阳周期的第 24 个周期。新的一个周期开始时,太阳先在高纬度区形成几个小点。之后在近赤道区,出现更活跃的爆发,产生大量黑子和耀斑。在"太阳能最大"时,整个太阳发散出极大的能量,特别是以紫外线和 X 射线的形式出现。

太阳周期可能与磁化的等离子体流和磁能的周期性重建有关,但是具体细节仍是未解之谜。1893 年,苏格兰天文学家爱德华·蒙德(Edward Maunder)发现,从 1645 年到 1710 年,太阳活跃度非常低,这个时期被命名为蒙德极小期。蒙德极小期的成因还是未知。根据树木年轮分析,1420 年和 1550 年之间发现了相似的活动期。这种情况随时可能再次发生。在 20 世纪,太阳异常活跃,出现过较强的活动最大期。然而,上一个太阳活动最小期,即第 23 个周期,其影响非常深刻长远。目前处于第 24 个太阳周期,在 2013 年夏天达到太阳活动的高峰期。而之后缓慢出现的新周期内,太阳的活动性可能较弱。

40. 太阳风是什么？

太阳上层大气射出超声速带电粒子流（主要是质子和电子），形成时速是百万千米的飓风，称为太阳风。太阳风的概念由理查德·卡林顿（Richard Carrington）在 1859 年首次提出，1958 年尤金·帕克发表过这一理论，1959 年苏联 Luna-1 卫星将其证实。

由于太阳风的存在，太阳正在以 180 万吨 / 秒的速度失去它的质量，但对于太阳来说，这些质量犹如九牛一毛。

太阳风源于日冕，日冕是太阳大气的最外层，温度达百万摄氏度。日冕比太阳表面暗淡数百万倍，只有用特殊仪器（日冕镜）或在日全食期间才可见到。日冕的高温可能来源于短波，确切机制不明。

太阳风分为低速太阳风和高速太阳风。低速太阳风来自日冕层，速度为 400 千米 / 秒，温度为 150 万摄氏度；高速太阳风来自太阳表面，速度为 750 千米 / 秒，温度为 80 万摄氏度。

太阳风暴是指太阳在黑子活动高峰阶段产生的剧烈爆发活动。爆发时会释放大量带电高速粒子流。接近地球时，太阳风和太阳风暴猛击地球的磁场，干扰地球空间环境，甚至破坏电网、影响通信及人类健康。

41. 太阳耀斑有多危险?

　　一个强大的太阳耀斑可能会破坏电力基础设施,使我们返回到蒸汽时代。幸运的是,这样的超级耀斑是非常罕见的。人类有史以来观察到的最强的一次太阳耀斑发生在 1859 年 9 月 1 日,由伦敦的一个电报员理查德·卡林顿(Richard Carrington)记录。

　　太阳耀斑是太阳表面磁能的爆发,在太阳活动高峰期更频繁。一个强大的太阳耀斑释放的总能量,可能是全世界每年电力消耗量的 100 万倍。在太空中没有大气层的保护,太阳耀斑产生的高能 X 射线,可以破坏航天器的电子产品。太阳耀斑加热上层大气,使其膨胀,增大卫星轨道阻力,从而缩短人造地球卫星的使用寿命。没有地球磁场的保护,宇航员直接暴露于耀斑发出的高能粒子中,健康受到危害。

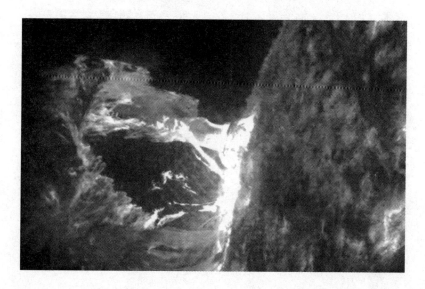

虽然原因不详,但耀斑经常伴随着较慢的日冕物质抛射,抛射的粒子可在几天后到达地球。带电粒子穿透地球的磁场可能会导致"磁暴",出现视觉盛宴"极光"。更糟糕的是,耀斑干扰 GPS 信号和无线电通信;诱导产生感应电流,破坏电网和计算机网络。

如果 1859 年的强耀斑向地球爆发,可使地球连续数周甚至数月处于黑暗中,会破坏通信、燃料食品供应、医疗保健、全球经济等,会导致大饥荒和流行病暴发,造成大量人口死亡。

有补救办法吗? 答案是:有。根据太空耀斑报警系统,提前关闭电网和通信系统就可以减少伤害。

42. 太阳会影响地球气候吗?

地球的气候变化需要太阳提供能量,所以,太阳输出能量的微小变化,就可导致地球气候的剧烈变化。和其他恒星一样,太阳在逐步变亮变热。所以在不久的将来,地球会变得更加炎热,甚至不适合生物生存。但是在短期内,这种影响并不显著。

测定结果表明,太阳在最大活动期,产生的能量比平时多 0.1%。因为太阳周期平均为 11 年,所以地球的气候变化是相对缓慢的。在蒙德极小期,即 1645 年和 1710 年之间的太阳低活动期,恰逢小冰期,欧洲较正常温度低 1 摄氏度左右。此外,在 20 世纪,太阳的高活动性可能是导致全球变暖的原因之一,不过这一说法争议颇多。

除了太阳辐射的影响,太阳的低活动性可使地球温度降低。因为在太阳活动极小期,太阳风很弱,更多的来自太空的高能宇宙射线能够进入地球大气层。宇宙射线使空气电离,带电离子可以作为"种子",以使其周围水滴聚集形成云团。

目前科学界已达成共识:全球变暖主要是因为燃烧化石燃料,太阳的作用可能是次要的。虽然其确切机制不明,但太阳长期的持续高活动性或低活动性,肯定会对地球气候产生影响。所以如果出现一段时间的新的蒙德极小期的话,说不定会抵消全球变暖。从长远来看,地球会发生难以控制的温室效应,海洋将会蒸发。

43. 太阳是永恒的吗?

任何东西都不会永远存在,太阳也一样。每一秒钟,太阳将 4 亿吨的氢变成氦,并产生日光。大约再过 50 亿年,氢将消耗殆尽。而太阳现在已经历了 45.5 亿年,正处于中年期。

因为氦比氢重,氦"灰"会沉降到太阳中心,氦的累积会导致太阳核心的密度越来越大,温度越来越高,所以太阳虽然在不断释放能量,但它本身的温度却在升高。与其刚生成时相比,太阳的亮度已经增加了 30% 左右。未来,太阳核心会继续变密变热,过多的能量溢出,导

太阳
SUN

致太阳外层扩大，最终形成"红巨星"（注：当一颗恒星度过它漫长的青壮年期，步入老年期时，它将首先变为一颗红巨星。在红巨星阶段，恒星的体积将膨胀 10 亿倍。同时，它的外表面离中心越来越远，所以温度将随之而降低，发出的光也就越来越偏红。不过，虽然温度降低了一些，可红巨星的体积是如此之大，它的光度也变得很大，极为明亮。肉眼看到的最亮的星中，许多都是红巨星）。红巨星犹如燃烧后的灰烬，温度比太阳要低。但由于其体积巨大，红巨星释放的热量将是太阳的 1 万倍，地球会被烧成灰烬。

那么地球真的会被巨大的太阳所吞噬吗？没人知道。红巨星会将外层物质发散至外太空，因此，太阳将不断失去质量，它的引力会越来越小，地球将逐渐逃离太阳系，不再围绕太阳转动。所以，当太阳膨胀到地球轨道位置时，地球已不在原来位置了。

太阳在红巨星阶段会不断挥霍它的热量，最终冷却缩小成一个超级致密的"白矮星"（注：白矮星是一种晚期的恒星，它的体积小、亮度低，但质量大、密度极高）。白矮星和地球大小相仿，冰冷而暗淡，仿佛一切都尘埃落定。就像诗人艾略特所说，"这就是世界结束的方式，并非一声巨响，而是一阵呜咽"。

太阳系

44. 太阳系起源于哪里？

　　最初，太阳系是一个由气体和尘埃组成的寒冷的黑暗星际云（温度为零下 260 摄氏度），在星星的背景作用下看上去像一个墨点。如果没有一个推动力，比如一个来自恒星爆炸的冲击波，那么星际云可能永远停留在那里，无所事事。

约 45.5 亿年前,星际云在自身重力作用下开始收缩,其中的气体开始被压缩,变得更加紧密。气体一旦被压缩就会产生热量并向外膨胀。

而氢气、一氧化碳等会以光(微波)的形式离开星际云而释放热量,这一过程不需要抵抗重力。起初,星际云慢慢旋转(因为银河系缓慢旋转)。但随着它的收缩,旋转速度越来越快。星际云两极的收缩速度比中间快,向外"离心"力对抗重力,星际云慢慢变成了一个扁平的纺锤状的"煎饼"。

在星际云中心,气体被压缩并加热到数百万摄氏度,产生太阳光的核反应开始了,太阳诞生了。散落的残骸旋绕在新生的太阳周围,尘埃互相碰撞,产生更大的粒子,形成星子,有的星子直径可达千米。最后是太阳系诞生的加速阶段,星子反复相撞,逐渐形成包括地球在内的行星。

人们常常模拟比地球大 10 倍的星球的形成过程,发现早期巨行星可以将其兄弟星球抛入星际空间。太阳系的诞生并非独一无二,在广袤的星际云里,经常有其他恒星和行星诞生。在年轻的太阳系附近,常有巨大恒星的超新星爆炸发生。人们也曾在陨石中发现过超新星的核残骸。

45. 何谓行星?

"行星"一词来源于希腊语,意思是"流浪者"。 相对恒星而言,行星是运动的天体。在古代，人们已经知道有 7 个行星：太阳、月亮、水星、金星、火星、木星和土星，但不包括地球。直到 1543 年，哥白尼提出"日心说"，认为行星是绕着太阳的天体，包括水星、金星、地球、火星、木星和土星。

一般说来，恒星和行星的差异是：恒星又大又热，发光发热；行星又小又冷，接收恒星的光和热。在夜空中，行星通常更明亮，而恒星经常闪烁，并慢慢改变其在空中的位置。

但是围绕太阳轨道运动的不都是行星，最典型的反例是彗星和小行星。在海王星轨道以外的太阳系边缘地带，充满了微小冰封的物体，它们是原始太阳星云的残留物，也是短周期彗星的来源地。这一地带被称为"柯伊伯带"，其名称源于荷兰裔美籍天文学家柯伊伯。随着柯伊伯带天体的发现，我们有必要完善"行星"的定义。

行星有三个特点：①必须围绕太阳。②因自身重力，必须是球形。③必须清除轨道附近的残骸。太阳系只有 8 个天体符合上述特点：水星、金星、地球、火星、木星、土星、天王星和海王星。有些天体被称为矮行星，它们符合特点①和特点②，但不符合特点③，最著名的是谷神星和柯伊伯带天体冥王星。

特点④可能是：行星必须小于 14 个木星的质量。一些天文学家认为特点⑤是：行星必须要形成一个由新生恒星周围残骸聚集而成的旋涡。

虽然在我们的太阳系目前已知的行星只有 8 个，但在其他恒星系已发现了 500 多个"系外行星"。

46. 为什么行星是圆的?

引力是存在于所有物质之间的吸引力,所以每一块质量较大的物体都会吸引其他物体。我们可以先假设一下,一些不规则的物体,它们分别互相吸引,并且逐渐靠近。由于质量越大,重力(引力)也就会越大,因此,当它们积聚到一定程度时,质量变得越来越大,导致重力越来越大。物质就会不断地向内"挤"(也叫坍缩)。由于中心点对外面的影响是呈现均匀分布的,所以,当物质分布不均匀时也会互相"调节"、相互渗透,使得物质分布得较为均匀,再加上中心对外引力是等效的,就造成了物质都以相同的速率向内坍缩,最后形成球体。

此外,如果组成物体的材料可以流动,物体就会形成一个球体,这是为了使得每一个组成部分都尽可能接近所有其他部分。巨大行星如木星和土星,是由流动的气体和液体构成,因此它们形成球形。而岩石体和冰体因为体积小,引力太弱,不足以压缩内部使其流动,所以,它们是不规则的,就像土豆。

47. 哪个才是最小的行星?

我们太阳系中最小的行星是水星。水星直径仅有 4880 千米，比月亮大 40%。

水星保持着许多"行星之最"纪录：体积最小、距离太阳最近、公转最快、密度最高、温差最大、轨道最斜最扁。正因水星离太阳非常近（580 万千米），我们才在日出日落时分的地平线上看见它。但如果有建筑物或者树木遮挡，那就不是很清晰了。

通过天文望远镜对水星的表面仔细观察，发现水星似乎有一面是一直对着太阳的。20 世纪 60 年代的雷达观测，证实了水星每 59 天自转一周，是它公转周期（88 天）的 2/3。像月亮一样，由于持续的外来撞击，水星的表面有许多凹坑。曾经，它有一些活火山，但在几十亿年前熄灭了。

由于水星的高温和弱重力（是地球的37%），水星没有大气。白昼的温度为450摄氏度，夜间的温度为零下185摄氏度。值得一提的是，水星上有冰存在的迹象。水星的自转轴并不倾斜，这意味着水星两极的凹坑常年不见日光，极度寒冷，可能有冰存在。

此外，水星有着巨大的铁镍内核。如果其中有部分熔化，并产生电流，就会产生磁场。在远古时期，水星比现在大得多，巨大的撞击炸掉它几乎所有的岩石外壳，所以显得水星铁核超级巨大。

第一艘水星探测飞船是"水手10号"（Mariner 10），它在1974年和1975年三次飞越水星，绘制了一半的地图。水星上的火山基本上是以艺术家名字命名的。2011年3月，美国国家航空和航天管理局（NASA）的"信使号"飞船到达了预定水星轨道，它研究水星表面的组成、磁场和内部结构。

48. 金星是最接近地狱的星球？

金星是继太阳和月亮之后最耀眼的星体，因其美丽的外表，人们以罗马神话中爱与美的女神维纳斯（Venus）为其命名。因为它比地球更靠近太阳（1080万千米），所以仅在日落后或者日出前可以见到。中国古人称金星为"太白"或"太白金星"，也称"启明"或"长庚"（傍晚出现时称"长庚"，清晨出现时称"启明"）。

金星比地球略小，其直径约 12,103 千米。它的内部铁核和外层岩石结构与地球很相似，但不像地球一样有着"漂移的板块"。金星的外表很年轻，可能是由于火山运动或者其他的地质剧变造成的。金星是逆向自转的。另外，它的公转周期约为 225 个地球日，但其自转周期却为 243 个地球日，也就是说，金星的一天比一年还长。

1962 年，第一艘星际宇宙飞船"水手 2 号"观察并测算出金星表面的温度高达 500 摄氏度，这可能与强烈的温室效应有关。金星有着厚厚的大气（主要是二氧化碳），它的表面气压是地球大气压的 90 倍。金星表面在浓密的硫酸云中隐藏不可见。金星表面的超高温足以熔化铅、引发强烈的闪电，所以金星就如地狱一般。

在 20 世纪 70 年代，苏联的"金星号"探测器穿过浓云在金星着陆，并拍下了金星表面的照片，但是恶劣的环境很快就将探测器摧毁了。在 1990 到 1994 年，NASA 的"麦哲伦号"宇宙飞船飞临金星轨道，通过可穿透浓云的雷达绘制了金星表面地图。这一次，人类真正"看到"

了旋转的平原、陨石坑和火山。从 2006 年 4 月起,欧洲的"金星快车"已经在轨道服役,可用于研究金星的大气和气候,并用热敏传感器探测活火山的存在。

49. 为什么火星是通红的?

火星之所以是红色的,是因为它的表面是赤铁矿(氧化铁)。由于其耀眼的火红色,火星以罗马战神玛尔斯(Mars)命名。它的公转周

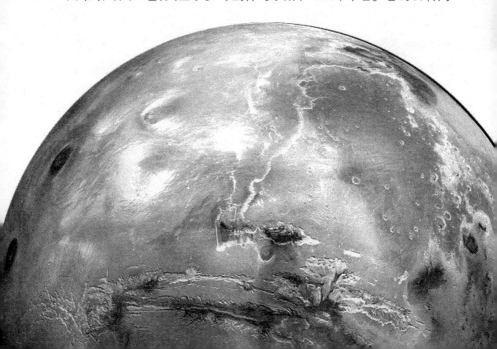

期是 1.88 个地球年。火星位于距离太阳 2.28 亿千米的轨道上,在地球轨道之外。每当地球超过它的时候(每 26 个月),火星整夜都是可见的。

通过望远镜观察,火星与地球有很多相似点:深色的表面纹理、冰雪覆盖的极地、倾斜的自转轴以及长约 24.6 小时的"一天"。火星与地球的主要区别在于:火星要小得多(直径 6794 千米),引力仅是地球的 38%,它的外围主要是二氧化碳组成的稀薄的大气。水星和金星都没有卫星,地球有一个,而火星有两个:火卫一直径 27 千米,火卫二直径 15 千米,是在 1877 年发现的。

在 1972 年,"水手 9 号"绘制了火星的地图,发现了巨大的峡谷和火山、干枯的河床、暴露的沟渠和沙丘。其中长 4000 千米、深 6 千米的水手谷是太阳系中最大的峡谷;直径 500 千米、海拔 25 千米的奥林巴斯山是火星上最高的山。火星表面的温度在 10 摄氏度和零下 80 摄氏度之间。地表绝大多数是荒芜的岩石,寒冷干燥,又有沙尘暴的侵袭。第一幅彩色火星照片是由两艘"海盗号"飞船在 1976 年获得的。许多轨道探测器都研究过火星,有些仍在运行,如"火星勘测轨道飞行器""火星奥德赛"以及"火星快车"。另外还有"精神号"和"机遇号"在 2004 年初入轨,它们发现火星上曾经有过海洋和河流。"机遇号"至今仍在运行。

人类登陆火星还是个遥远的梦想。目前最现实的目标是:从火星表面获得岩石样本,进而研究火星的微生物化石。

太阳系
Solar System

50. 为什么金星、地球、火星如此悬殊?

金星比地球离太阳更近;火星则更远更小。但从地质学角度说,这三颗行星相差并不远。在形成之初,它们可能都有着适宜的温度、表层水和相当厚的大气,充满甲烷和氨。如今,金星、地球和火星大不相同:金星极度干燥,火星十分严寒,唯有地球还保持着适合生存的环境。

金星早期的火山运动产生大量的二氧化碳,形成温室效应,使表层温度升高,海洋也开始蒸发。水的蒸发又加剧了温室效应,结果所有液体都随之蒸发。在太阳紫外线的作用下,水分子离解成氢和氧,结果氢逃逸到了太空中,氧结合到岩石表面。在没有水循环的情况下,二氧化碳不断产生。

如果金星的地质构造与地球相似,那么含碳岩石可能会部分参与循环,从而削弱二氧化碳的产生。然而,由于缺乏水的润滑作用,加上它与太阳相当近,导致了现在金星地狱般的命运。

相反,火星比地球小,更容易失去热量。由于其内核已经固化,在地质学上火星已经死亡,表面也已冻结。没有丰富的火山运动,火星难以提供足量二氧化碳来制造温室,也就没有了保持热量的外衣。温度就直线下降,水也被冻结了。

火星没有磁场保护,而且重力也十分微弱,稀薄的大气极易被太阳风吹走。如果火星更大一些,就会有更多的热量和更大的重力,或者距太阳稍近些,它也许能摆脱现在的寒冷。

如果地球距太阳再近些,它就会像金星一样被蒸干;如果地球变小些,就会像火星一样冻结寒冷。金星的命运表明,过多的二氧化碳会造

金星　　　　　木星　　　　　水星

火星　　　　　土星

天王星　　　海王星

成过于炎热；火星的命运表明，过少的二氧化碳会造成过于寒冷：这两者都是对我们的警示。地球上，所有的一切都使得水和生命"恰到好处"地存在着。我们真是幸运，得以生活在这样的"绝世星球"上。

51. 火星上有水么?

火星上有大量的水，不过都是冻结的。大多数的水被封锁在表层以下一定深度的冰层中,火星两极也存在大量的冰。

　　19 世纪晚期,意大利天文学家斯基阿帕雷利(Giovanni Schiaparelli)观察到火星的圆面上有些模糊不清的直线条,认为这些是连接海湾的水道。美国的洛韦尔(Percival Lowell)认为这些是火星人修造的运河,目的就是将极地的水引向干旱的热带地区,用以灌溉那里的田地。

　　其实,"人造运河"只是人们的错觉。空间探测器发现火星上有干涸的河流河道,证明古代火星上可能有水。NASA 的"轨道号"探测器证实了火星水的存在,极地冰帽主要成分是冻结的二氧化碳,但同样包含了相当大量的水。根据"火星奥德赛"和"火星快车"的雷达监测,我们知道火星上存在永久冻结的地下冰。"凤凰号"飞船在火星北极区率先挖掘到了地下冰。现在的问题是:火星上是否曾经有过流动的水?

　　种种迹象表明,大约在几十亿年前,当大气层更厚、火星更暖的时候,火星上曾有过流动的水。事实上,"机遇号"曾发现一些在水中形成的矿物质,说明了火星上确有湖泊和海洋。火星曾经是水的世界,大部分北半球低海拔的区域都被广阔的海洋所覆盖,看上去就像地球一样。

　　火山内口的水流沟渠说明,即使在今天,地下冰仍可以适时地融化流出。不幸的是,由于火星表层大气密度只有地球的 0.7%,所以任何到达表面的水都会瞬间蒸发。

52. 火星脸是外星人遗留的吗?

"火星脸"是由美国"海盗一号"探测器拍摄的一张照片。照片上，火星表面惊现一张人脸的形状：有鼻子，有嘴巴，有眼睛。其实，这是因拍摄技术落后而造成的光和影的错觉。后来，更加精准的照片揭示了火星脸只是一座布满岩石的高山，其所在的多岩石地形被称为平顶山，即顶部扁平、四周陡峭像悬崖一样的大片岩石。

也许你还会问：澳大利亚的艾尔斯岩是外星人造的么？其实不是。火星脸虽然特别，却是自然形成的。

尽管如此，不少人认为，NASA是在掩盖失落的火星文明。"瘦削、绿色的智慧火星人"常常是科幻小说的主题，譬如威尔斯的《世界大战》。直到20世纪60年代，宇航员都只是幻想火星有地衣或低等植物，但并未发现直接证据。直到最近，英国科幻小说作家阿瑟·克拉克（Arthur C. Clarke）依旧相信火星榕树的存在。1976年，NASA"海盗号"的生物实验发现火星奇怪的土壤反应，实验设计者坚持认为这是火星上有微生物存在的证据。

火星温暖湿润的历史时期意味着过去可能有生命存在。今后前往火星的航天计划将围绕火星微生物展开。一些微生物可能存在于地下水层，因远离致命的宇宙射线和太阳紫外线才得以生存至今。出人意料的是，我们已经在火星上发现了甲烷，甲烷的存在是生命迹象之一，或许火星上真的有生物。

如果说在远古时代火星上有生命，那么微生物可能会随火星陨石到达地球，那么地球上的生命可能就来自火星。从这个意义上说，要想看真正的"火星脸",最便捷的方法就是去照镜子。

53. 飞越小行星带有多么危险?

目前已知的小行星超过50万颗,绝大多数的绕日轨道位于火星和木星之间。这听上去像是个拥挤的危险地带,但是不要去相信科幻电影,这些小行星之间的平均距离与地月距离相当,小行星带基本上就是真空地带。另外,大多数的小行星都很小,仅有200颗直径超过100千米。小行星的总质量仅仅是月球质量的4%。

尽管如此,在小行星带发生碰撞是可能的,由此产生一系列更小的星体,它们有着相似的轨道和相同的成分。自1973年以来,已有几个太空探测器安然无恙地飞越小行星带,有些甚至在小行星上完成了航天任务。

1801年,意大利天文学家朱塞普·皮亚齐(Giuseppe Piazzi)发现了第一颗小行星——谷神星(Ceres)。它位于火星与木星之间的小行星带中,人们为这颗"消逝的行星"而喝彩。但几年之后,在同样的地带发现了另外3颗"行星"——雅典娜、朱诺和灶神星。到了19世纪40年代,太阳系的行星数量达到了11颗。很快,人们发现了成百上千个星体。

天文学家意识到谷神星只是另外一类天体中最大的小行星。谷神星的直径有975千米,但它只是一颗自身引力足够大而形成的小行星,没有清空所在轨道上的其他天体,学名是"矮行星"。大多数小行星是由凹凸不平的岩石、疏松的沙砾卵石及尘埃组成的。

已有不少探测器造访过小行星,包括小行星加斯普拉、依达、马蒂尔德、布莱叶、伊洛斯、安弗兰克、糸川、斯坦斯、维斯塔和鲁特西亚。2007 年 9 月,NASA 的"黎明号"宇宙飞船发射升空,于 2011 年 7 月进入维斯塔的轨道,它将在 2015 年转移到谷神星。

其实,小行星是太阳系诞生时产生的剩余碎片,其大小与类地行星诞生时产生的微行星或原行星相差无几。

54. 恐龙灭绝的元凶是小行星吗?

大多数小行星在小行星带围绕太阳运转,处在火星和木星之间。这个小行星带,对地球没有造成什么危险。

然而,如果产生碰撞或木星重力轻微改变,一些小行星就会进入近地轨道,并且可能与地球公转轨道相交。这些近地物,包括彗星在内,可能对地球造成毁灭性的打击,甚至引发全球物种的大灭绝。这在以前发生过,以后也可能再发生。

1908 年,受 30 米长的彗星片段的影响,西伯利亚发生了通古斯大爆炸,把 2000 平方千米的森林夷为平地。50 米长的铁性陨石撞击地球,造成了亚利桑那州的流星陨石坑,该陨石坑直径超过 1000 米。更大的撞

击并不常见,1000 米大小的小行星大约每 50 万年撞击地球一次,10 千米的小行星大约是每 1 亿年一次。

　　大约在 6500 万年前,恐龙和许多物种灭绝了。那个时候,地球恰好遭遇了彗星或万米直径的小行星的撞击。物种的灭绝不一定是撞击造成,也可能是火山剧烈爆发造成,譬如印度的"德干地盾"火山(Deccan Traps)。

　　无论如何,近地小行星对我们存在威胁,它们可能造成大范围的火灾或海啸。专门有望远镜搜索空中的潜在危险对象(potentially hazardous objects, PHO),希望在 2020 年前发现大多数直径超过 140 米的 PHO。然后人们可以采取必要的预防措施,如通过火箭助推、核爆炸或宇宙飞船等,改变危险小行星的运行轨道,使之远离地球。

　　其实,恐龙灭绝对人类也未尝不是好事,它们留下大量食物,使得哺乳动物得以生存。也许没有小行星的碰撞,就没有地球上的人类。

55. 木星是陨落的太阳吗?

在电影《2010：奥德赛2》中，外星人把木星变成了第二个太阳，木卫二欧罗巴（Europa）上的稚嫩生命才得以生存。但木星真的是陨落的太阳吗？它能进行核反应，产生光和热么？

关键事实1：只有核心温度大于1000万摄氏度，才能激发氢融合成氦，产生类似太阳的核反应。

关键事实2：需要一个巨大的气体球，利用自身引力挤压，产生热量。球体越大，挤压力越大，产热也就越多。

如果想要达到1000万摄氏度高温，球体质量要达到太阳的8%，或是80个木星的质量。所以，木星要成为第二个太阳，还有很大的差距。

木星是太阳外围的第五颗行星，它的直径为143,000千米，是太阳系中最大的行星。木星围绕太阳转一圈需要11.86年。尽管它离太阳很远，有7.785亿千米，但是它仍然是夜空中除了金星之外最亮的行星。

56. 木星的外貌会变吗？

本质上，木星是一颗气态行星，它由气体组成。你看到的木星表面都是云层，它们是动态、多变的。

木星自转一周只需 9 小时 55 分钟，因其快速自转，云层向外伸展缠绕成带状。用小型望远镜观察发现，木星赤道两侧各有一条深色的云层带。但这两条带也不是永恒不变的，南面的云层带在 2010 年已经消失了。

另外，还可观察到木星表面有一个大红斑，它位于赤道带的南端，是一个高气压的风暴体系。1664 年，罗伯特·虎克（Robert Hooke）首次描述了大红斑。自 19 世纪以来，人们一直在观察大红斑。

大红斑的大小和颜色是处于变化中的。平均大小为 30,000 千米×13,000 千米，约是地球面积的 2 倍。颜色通常是橙红色的，但会在苍白色和大红色之间变换。大红斑每 6 个地球日按逆时针方向旋转一周。中心云层气温较低，风速可高达每小时 450 千米。云层的红色来源还不清楚，可能是木星大气层较低位置的有机磷或硫黄被带到了高层。

使用更大倍数的望远镜或航天探测器，还能发现一些细节：有些白色的椭圆物会不断融合变化，这些白色椭圆物可能会形成新的大红斑。

1994 年 7 月，苏梅克－列维 9 号彗星（Shoemaker-Levy 9）的碎片冲入木星的大气层，造成木星表面灰色的斑点，并留存了很长一段时间。最近几年，有天文爱好者观测到木星表面有一些短暂性出现的灰点以及一些突然出现的亮光,这可能和彗星事件有关。

　　总的来说,描述木星的形态是毫无意义的,因为它处于不断的变化中,而且大部分变化无法通过小望远镜发现。NASA 的 "朱诺号" 航天飞机将于 2016 年 7 月到达木星,对木星大气层进行仔细研究。

57. 木星的卫星有何特别之处?

　　1610 年,伽利略(Galileo)在帕多瓦发现了木星的 4 颗卫星,这 4 颗卫星因而得名 "伽利略卫星"。这表明除地球外,其他星体也有围绕它们转动的 "月亮"。这不可避免地动摇了此前教会支持的地球中心论。

　　由于木星卫星的发现,人们也得以首次准确估算出光速。1676 年,丹麦天文学家奥勒·罗默注意到,在一年的不同时期,木星卫星的旋转周期有所不同。他认为这种现象是由于光速造成的,而且他还推断出光跨越地球轨道所需要的时间是 22 分钟,从而计算出光速人约为每秒 225,000 千米。现代观点认为光速为每秒 300,000 千米。

　　其中一个伽利略卫星 —— 木卫一,是太阳系中最热的一颗星体。它每单位体积产生的热量甚至超过太阳。如果你持续挤压一个壁球,它就会变热,木卫一的产热原理也是如此。只有质量巨大的木星才能挤压到它的卫星。木卫一是太阳系中最活跃的星体,其核心熔化,表面布满火山,并且每年向太空喷射 100 亿吨的物质,这些物质不是熔岩,而是超高温的二氧化硫气体。

　　木星的第二大卫星 —— 木卫二，是太阳系里最大的 "溜冰场"。太阳系里最大的海洋可能并不在地球上，而是在木卫二的冰层之下。跟木卫一一样，木卫二也受木星的引力挤压而产生热量，热量在星球内部把冰融化。在冰层 10 千米以下，是 100 千米深的海洋。木卫二是太阳系中最激动人心的星球，因为黑暗的海底火山口可能有生物存在。

　　木卫三是太阳系中最大的卫星，直径为 5262 千米，甚至比水星还要大。最外面的一颗卫星叫卡利斯特（Callisto），唯有它处在木星致命的辐射带之外。如果人类想探索木星，那儿将会是最佳的基地。

59. 土星能漂浮吗？

　　土星和木星一样，也属于气体星球。但是土星要小得多，直径是120,500 千米。土星距太阳 14 亿千米，围绕太阳转一周需要 29.5 年。在古代，土星被认为是离太阳最远的行星，运行最慢。土星得名于罗马神话中的农业之神萨图尔努斯（Saturnus）。

　　土星最知名的是独特的环状带，这些环状带通过小望远镜就能观察到。1610 年伽利略首先观察到了环状带。1655 年，荷兰科学家惠更斯首先揭示了这些环状带的本质，他还发现了土星最大的卫星 —— 土卫六。和木星不同，土星的转轴有倾角，并有四季变化。环状带的影子变化导致了土星表面的气温变化。土星离太阳比木星更远,因而也更冷。

由于云层在大气层中的位置很低,在外观上不显著,所以土星看上去很平淡。但也有例外:1933 年,英国业余天文爱好者观察到了大白斑。2010 年 12 月又观察到了巨大的风暴。2004 年在"卡西尼号"航天飞机上发现,土星的北极有着神秘的 25,000 千米宽的六角飓风带。

土星自转速度很快,周期为 10 小时 39 分,这使得它的"腰部"向外膨出,两极直径是赤道直径的 90%。土星表面的风速可以高达每小时 1800 千米。

土星主要由氢和氦组成。土星的质量是地球的 95 倍。土星平均密度仅仅为每立方厘米 0.69 克,和榆木相近,因此,如果你能找到一块足够大的水域,土星就可以在上面漂浮。

59. 土星环有多薄?

答案是:薄得难以置信。尽管土星环从内到外绵延 10 万千米,但它的厚度可能只有 20 米。换言之,如果把土星环压缩到直径为 1 千米,则它的厚度比最尖锐的剃须刀片还要薄。

伽利略是科学史上的一位巨匠,但他的科学生涯也有过失落与低谷。1610 年,他用望远镜观察土星,并且宣称这是一颗"带着耳朵的行星"。第二年，伽利略称土星有两大卫星，一侧一个。但这些卫星后来却都消失了，伽利略至死都没明白其中的原因。

直到 1655 年，惠更斯利用更大的望远镜观察土星，才揭开了这个谜。他认为，土星被土星环缠绕着。因为土星绕着太阳运行，因而从地球上观察，土星环就会变换方向。当它们以锐缘面对地球时，就无法被观察到。当它们以一定角度面对着地球时，看起来就像土星长了耳朵一样。

1858 年，英国科学家麦克斯韦（James Clerk Maxwell）从理论上证实了土星环是无数个小卫星在土星赤道面旋转的物质系统。他表示，如果土星环是固态或液态的，土星环不可能稳定。土星环的物质 99% 都是冰，这也解释了土星环的亮度。尽管典型的土星环物质只有 1 厘米大小，但还是有小如尘土或大如房屋的各种颗粒存在。

土星环有着 4 亿年的历史，它的形成源于土星捕获的一颗 250 千米宽的冰卫星。20 世纪 80 年代早期，NASA "旅行者号"上的科学家发现，土星环由成千上万个更小的环组成。

其实，土星根本就没有环。它有很多螺旋线，就像老式黑胶唱片上的凹槽一样。碎石震动引起螺旋密度波（使旋涡星系宏观图像保持准稳状态的物质密度和速度的波动称为密度波）向外延伸。这期间，物质相互挤压，从而形成暂时性的环。螺旋密度波也同时创造了银河系的"旋臂"。也就是说，土星环只是螺旋密度波引起的一种缝隙紧密的螺旋星系。

60. 土卫六上面能游泳吗？

　　惠更斯 1655 年发现的土卫六 ——— 提坦（Titan）——— 是土星最大的卫星，也是太阳系第二大卫星，它比水星还要大。

　　1944 年，杰拉德·柯伊伯（Gerard Kuiper）探测到土卫六上有甲烷。这是土卫六上有大气层的直接证据。土卫六是唯一具有实质大气层的卫星。"旅行者号"上的科学家发现：土卫六上的大气层非常厚，主要由氮气组成。土卫六的大气层和原始地球的大气层非常相像，表

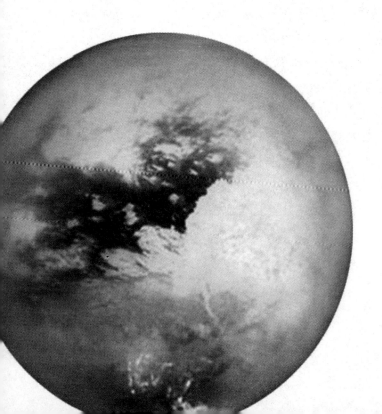

太阳系
Solar System

面压强为地球大气压的 1.45 倍，但它温度更低，为零下 180 摄氏度。

2005 年 1 月 14 日，欧洲"惠更斯号"探测器降落在土卫六上，发现土卫六的岩石是由冰组成的，水则是由液化的甲烷组成的。"卡西尼号"航天飞机利用雷达测试了土卫六的很多地方，发现有很多甲烷和乙烷湖，还有甲烷暴风雨。除地球外，土卫六是太阳系中唯一具有表面液体的。因此可以肯定，你可以在土卫六上游泳，但显然这不是很健康。

土卫二恩克拉多斯（Enceladus）很小，有很多冰，表面会间歇喷射水、冰、尘土，这说明其表层下可能有海洋。内层其他更小的卫星利用它们的引力，塑造着土星环。4700 千米宽的卡西尼沟就是由土卫一的引力造成的。许多小的土星环结构，都是因小卫星的重力作用导致的。

土卫八（Iapetus）是神奇的双面卫星，它的一侧很亮，另一侧很暗。它巨大的赤道带很可能是和土星环物质相互影响形成的。

土卫九（Phoebe）可能来自半人马座：土星利用引力作用，捕获来自海王星轨道之外的柯伊伯带物质。

土卫七（Hyperion）也很特别，主要由冰组成。它有很多小孔，40% 左右的体积都是空的，很像海绵。

61. 为什么天王星"躺着"运转？

所有的行星，都是由新生太阳周边盘旋的物质生成的。因此从理论上讲，它们的自转轴与公转轨道面是接近垂直的。只有两个例外：其一为金星，它自东向西自转；其二是天王星，它的自转轴几乎和公转平面平行，也就是说它差不多是"躺着"绕太阳运动。

天王星公转周期为 84.3 年，因此南北两极各有 42 年时间处于极昼或极夜。为什么天王星"躺着"运行呢？或许在太阳系形成的时候，天王星被某个很大的星体撞击了，造成了自转轴指向的歪斜。可天王星的卫星也是倾斜着运转，那要多大的撞击力，才能把天王星连同卫星都撞倾斜了呢？

2009 年，有两位科学家在巴黎天文台提出了另外一种理论。围绕新生太阳旋转的碎片所产生的重力使初生的天王星摆动，或者产生进动（一个自转的物体受外力作用，导致其自转轴绕某一中心旋转，这种现象称为进动）。如果卫星的质量达到了其行星的 0.1%，那么这种摆动可以剧烈到使行星倾斜。

但是这颗巨大的卫星在哪里呢？两位科学家推测说，这颗卫星可能被路过的行星拽走并放逐了。具体来说，原行星和天王星之间的碎片导致了天王星的移动，而移动过程中天王星遭遇了一颗巨大的星体，并且把天王星的卫星给捕获了。这听起来可能比较牵强，但天王星是太阳系 4 颗大行星中唯一一颗没有大卫星的，这点一直困扰着天文学家。

1781 年，威廉·赫歇尔（William Herschel）在英国巴斯家中的花园里观察到了天王星。他是一名德国移民，因此将这颗行星以国王乔治三世之名命名为"乔治星体"。不过这个命名遭到法国人的反对，因此德国人最后建议命名为"乌拉诺斯"，即天王星。赫歇尔的这个发现使得太阳系的范围扩大了两倍。

天王星的直径大约是地球的 4 倍，离太阳的距离是地球的 20 倍。

尽管它是躺着运行的，它却是一颗很平凡的行星，天文学家称其为"最无趣的行星"。

62. 海王星是最外层的行星吗？

伽利略在 1612 年首度观测并描绘出海王星。但由于其位置很靠近木星，他误以为海王星是一颗恒星。根据天王星的运行轨道，科学家推断这里应该存在一颗行星，这个位置是通过牛顿力学理论推算出来的。

海王星得名于罗马海神尼普顿（Neptunus）。NASA"旅行者 2 号"飞船，作为第一艘也是唯一一艘探测海王星的飞船，曾于 1989 年 8 月 25 日拜访过海王星，发现了海王星的一些新卫星以及周边暗色狭窄的行星环。

跟地球一样，海王星大气中含有甲烷，是一颗蓝色的星球。海王星上常常有猛烈的风暴。海王星的直径为 49,530 千米，是太阳系 4 颗大行星中最小的一颗，自转一周需要 16 小时 7 分钟。海王星距太阳 44.8 亿千米，公转一周约需 165 年。

1846 年，拉塞尔（Lassell）发现了海王星最大的卫星 —— 海卫一（崔顿 Triton）。海卫一的旋转方向和海王星相反，海卫一可能是被海王星捕获的柯伊伯带天体。

海王星曾经是太阳系中最外层的行星。但这也不是绝对的,理由有三:第一,在过去,土星曾经是已知的太阳系最外层的行星。第二,在2006年8月以前,冥王星一直被认为是太阳系的一颗行星,它距离太阳更远。第三,计算机分析表明,木星迁移过程中的吸引可能导致了天王星和海王星的位置互换。

63. 为什么冥王星不再是行星了?

即便考虑了海王星的引力作用,天王星的运行还是显得有些怪异。因此,美国天文学家洛韦尔(Percival Lowell)一直致力于寻找第九大行星。洛韦尔去世后,洛韦尔天文台雇佣了克莱德·汤博(Clyde W. Tombaugh)继续寻找这颗未知的行星。1930年2月18日,他终于成功了,在1930年3月13日,他正式宣告发现了新行星。

冥王星"普鲁特"(Pluto)是由英国牛津11岁的小女孩威尼什衣·贝尔娜(Venetia Burney)命名的,意思是地狱之神。冥王星(Pluto)开头的两个字母也是Percival Lowell名字的首字母。

冥王星的运行轨道很怪异。它的轨道平面跟其他行星的轨道平面存在一定的倾斜角(17°),并且拉得很长,它离太阳的距离在44亿千米和74亿千米之间变化。冥王星比预想的更暗、更小、更轻。根据它的卫星冥卫一,可以推算出冥王星的质量仅为冥卫一的18%。

1992 年以来,海王星轨道之外陆续发现了很多有冰成分的物体,这让人们猜测冥王星可能仅仅是柯伊伯带中较大的一颗天体而已。事实上,另外一个柯伊伯带天体厄里斯(Eris)可能比冥王星还稍大一点。它的直径为 2300 千米,甚至还有一颗卫星 —— 迪丝诺美亚(Dysnomia)。

有些柯伊伯带天体的轨道更加倾斜,又宽又长。如塞德娜(Sedna),绕太阳公转一周需 12,000 年,而冥王星为 248 年。柯伊伯带天体是太阳系形成初期的冰块残余,直径大于 100 千米的柯伊伯带天体总数大约有 10 万个。

2006 年 8 月,在布拉格召开的国际天文学联合会改变了冥王星的星籍,冥王星降格为"矮行星"。幸运的是,克莱德·汤博不用亲眼看着他钟爱的行星被降级。他于 1997 年过世,享年 90 岁。

美国宇航局 2006 年 1 月发射的"新地平线号"探测器,将于 2015 年飞抵冥王星及其卫星,之后还将探测至少两颗柯伊伯带天体。

64. 彗星是什么?

彗星一直被认为是带尾巴的恒星。彗星的名字来源于拉丁语,意为"毛发"。彗星在夜空中可以持续数周。亚里士多德认为,彗星是大气在燃烧发光。第谷·布拉赫(Tycho Brahe)最先认识到,彗星距离

地球是相当遥远的。

哈雷（Edmond Halley）观察到，1682 年的彗星和 1531 年以及 1607 年的彗星都处在同一轨道上，他认为这是同一颗天体。因此他预测到了 1758 年哈雷彗星会再次出现。

彗星绕着太阳做椭圆形运动。运转周期差异很大，有些只需要几年，有些则要上千年。哈雷彗星需要 76 年。大多数彗星由冰冻物质或尘埃组成。因为它们是在太阳系形成之初生成的，所以具有很高的研究价值。

当彗星靠近太阳时，太阳的热量使彗星物质蒸发，在冰核周围形成朦胧的彗发和一条稀薄物质流构成的彗尾。如果地球正好在彗星运行轨道上，它会穿过地球大气层形成陨石。

太阳系形成之初，周围产生了数以万亿计的彗星。其中许多融入了大行星里，或是形成了柯伊伯带天体。然而，行进过程中如遭遇到原始的大行星，彗星会被抛射，偏离轨道，成为长周期的彗星。小彗星往往和太阳或木星碰撞消失，如 1994 年的 Shoemaker–Levy 9 号彗星。还有些彗星会日复一日地被太阳的热量所侵蚀。太阳系形成早期，彗星撞击地球可能给地球带来了大量的水。不过,大碰撞也导致了物种大灭绝。

科学家已对一些彗星进行了深入的研究,甚至通过宇宙飞船采集到了样本。欧洲的"罗塞塔号"飞船发射的一颗探测器将于 2014 年降落到一颗彗星上。

65. 太阳系的尽头在哪里?

太阳系没有一个明确的边际,好比落基山脉没有一个清晰的边界线。如果把太阳系定义为只有太阳和行星,那么太阳系的边界在距日 45 亿千米的地方,即海王星的位置。

但事实上,太阳系还包括许多其他星体,比如位于海王星以外的柯伊伯带行星,与太阳距离为 70 亿千米。除了这些清晰的界限,还有些运行更远的星体,比如 2003 年发现的直径 1500 千米的塞德娜小行星,其轨道细长,远日点约有 1437 亿千米。又如奥尔特云(Oort Cloud),离太阳 1 光年(9.46 万亿千米)。

1950 年,荷兰天文学家简·奥尔特根据长周期彗星的运行,推算出它们来自离太阳很远很远的星云,称之为"奥尔特云"。奥尔特云可能包含几万亿颗彗星,直径超过 1 千米,它们之间的平均距离至少为 10 亿千米。

　　奥尔特云受引力作用,环绕太阳运行,这也就或多或少界定了太阳系的最外沿。一颗彗星若受到引力或其他彗星、恒星的撞击,它可能会进入绕日轨道,形成长周期彗星。大行星(如木星)的引力影响,可诱使长周期彗星进入近日系统,变成短周期彗星,如哈雷彗星。

　　也可以根据太阳风的势力范围来定义太阳系的边界。太阳会喷出高能量带电粒子,形成太阳风。太阳风吹刮的范围一直达到冥王星轨道外面,形成一个巨大的磁气圈,叫作"太阳圈"。太阳圈以外的区域称为星际空间。

　　由于太阳在银河系中的运行,太阳圈的形状是扭曲的。根据预测,"航海号"宇宙飞船将于2014年飞进太阳圈。

恒星
Fixed Star

恒星

66. 恒星是什么?

　　每当夜幕降临,空中群星闪耀。我们所看到的星星,就是恒星,相当于其他的"太阳"。由于距离地球十分遥远,这些星星看起来十分渺小,只是星星点点。1600 年,因坚持认为恒星是另外一些太阳,意大利哲学家佐丹诺·布鲁诺(Giordano Bruno)被天主教处以火刑,烧死在罗马的鲜花广场上。

　　恒星是一个个巨大的气体星球,几乎全部是由氢、氦这两种最轻的元素组成。物质在引力作用下,加速向中心坠落挤压,使其温度高达 1000 万摄氏度。这种超高温可诱发核反应,氢聚合成氦,同时产生大量的光和热。

　　恒星与行星的区别是,恒星能够自己产生光和热,而行星只能反射来自恒星的光。恒星的亮度和其进行核反应的速度取决于恒星的质量。质量越大,燃烧越快,亮度越亮,但寿命越短。

　　我们的银河系有超过 1000 亿颗的恒星,我们的宇宙则可能有 10^{19} 颗恒星。人类肉眼可见的恒星大约有 6000 颗,几乎都是些比太阳更巨大、更明亮的恒星。

　　奇怪的是,离我们地球较近的恒星,我们肉眼几乎都看不见,它们是温度较低、亮度较弱的红矮星。红矮星约占全部恒星的 70%。它们十分"吝啬",不太燃烧释放核能,所以红矮星寿命可超过 10 万亿年,相当于太阳寿命的 1000 倍。

距离地球最近的恒星就是太阳,太阳光从太阳到地球需要 8.3 分钟。其次是半人马阿尔法星,距地球约有 4.2 光年的距离。

天文学研究的一个重要目标是:探索宇宙形成之初最早开始发光的恒星。

67. 为什么恒星会闪烁?

"一闪一闪小星星,究竟何物现奇景。远浮于世烟云外,似若钻石夜空明 ……"这是 1806 年简·泰勒创作的脍炙人口的儿歌。

古人很早就注意到,恒星会闪烁发光;而且还发现,恒星似乎是固定在空中,而行星可以移动。这都可以用距离来解释:恒星离我们非常遥远,看上去就是星星点点,它们的运动不易被觉察;而行星相对而言离地球更近,通过望远镜看到的是圆盘样,人们可以观察到行星的运行轨迹。

透过湍流大气仰望恒星和行星,就像是从泳池底观望天花板上的灯光。波动的水流使得点状灯光摇曳跳动,而较大灯光则不会晃动,只是灯光周围泛起涟漪。同样,之所以星光闪烁,是因为在大气层扰动下,恒星犹如点状灯光,显得很小。

恒星
Fixed Star

通过望远镜，人们就可以观察闪烁的恒星。要想获得更清晰的图像，就需要排除大气层的干扰，譬如使用哈勃望远镜。另一种补偿光线受大气扭曲的方法是，以每秒几次的速度改变望远镜镜片，自适应光学正是专门研究这一技术的。

高速自转的"脉冲星"（脉冲星是变星的一种。因为这种星体不断地发出电磁脉冲信号，人们就把它命名为脉冲星）从磁极区不断发射电磁波，也会闪烁，这是由星际介质扰动引起的。

68. 恒星离我们有多远？

从两个不同的观察点看同一个物体，若物体移动了很大一段距离，说明它离我们很近；相反，如果它只移动很小距离，则说明它离我们很遥远。你可以自己试试：竖起一根手指，左眼紧闭，右眼观察；然后右眼紧闭，左眼观察。你会发现它移动了许多。同样地，手指伸远些再试试，你会发现只移动了一点点距离。

这一效应称为"视差"，可以帮助我们理解恒星与地球的距离。站在地球轨道相反的两个点（相隔 6 个月）分别观察一颗恒星，假如其方向改变了 1 角秒（1/3600°），则该恒星与地球的距离为 1 秒差距，约为 3.26 光年。

可是，大气的波动会使恒星的影像变模糊，产生 0.5 秒差距甚至更大的误差,因此视差法多用于测量一些近地恒星的距离。要克服这一缺陷,可以进入太空进行观测。欧洲"依巴谷"卫星利用视差,明确了100多光年以外的10万颗恒星的距离。

为了测量更遥远恒星的距离,需要比较该恒星与另一已知恒星的固有光度。如果该恒星看起来比已知恒星模糊,则它距我们较远;反之则距我们较近。那么有没有已确定固有光度的恒星呢?答案是:有。我们知道造父变星(Cepheid variables)便是一类高光度周期性脉动变星。

1912年,美国天文学家勒维特(Leavitt)有了重大发现:一些高光度的变星光变周期越长,亮度变化越大。要测算某变星和地球的距离,首先要根据光变周期推算光度,然后对比固定光度和(从地球上观察该恒星的)视亮度,最后获得距离结果。

1923年,美国天文学家哈勃研究了仙女座星系中的造父变星,发现它是距银河系约250万光年的一群河外星系。后来,美国宇航局应用哈勃太空望远镜观测M100星系的造父变星,测算出该星系与太阳的距离约为5600万光年。

69. 我们如何了解恒星的构成?

1835年,法国哲学家奥古斯特·孔德声称科学无法解释恒星的构成。他错了。

　　大自然对人类是仁慈的。每一种元素的原子都发出特殊颜色或波长的光，人类可以据此识别出构成恒星的元素。每种元素的原子都被特有的电子排列所围绕，产生独有的谱特征。从一个轨道跃迁至另一轨道时，电子会发光。光的能量等同于两个轨道的能量差。

　　问题在于，恒星的温度太高，一些原子的大部分甚至全部电子都破裂了。因此，有些元素，即便是很常见的元素，可能也难以观测。在认识到这一点前，人们误以为太阳是由铁组成的，因为铁的谱特征最为显著。

　　1925 年，英国天文学家塞西莉亚·派恩有了重大发现。在对太阳光的研究中，她推断出：氦和氢（两种地球上罕见的气体）占了太阳总构成的 98%。事实上，派恩无意中也发现了宇宙的构成。宇宙中 98% 是氦原子和氢原子，其他原子仅占 2%。在当时男性主宰的天文学领域，身为女性的派恩一直默默无闻，尽管她的博士论文被誉为"20 世纪最重要的天文学论文"。

　　人们逐渐意识到构成一切事物的元素比例都是相同的，这暗示着各种元素的形成过程是相同的。可是，我们身体里的各种元素是在哪里形成的呢？关于这个问题，人们曾试图从恒星中寻找答案，后来又求助于大爆炸理论，现在又开始重新研究恒星。

　　1957 年，英国天文学家弗雷德·霍伊尔与其合作者威利·福勒在一篇重要的论文中阐明了恒星中元素形成的核过程。关于恒星元素形成的研究让我们了解到：自然界中的轻元素产生于大爆炸，重元素则产生于恒星的核聚变。但是，此类研究没能让我们了解宇宙中的氦含量。

　　1983 年，威利·福勒因解释了元素的起源而获得诺贝尔奖。令人吃惊的是，霍伊尔的名字却未被提及。

70. 所有的恒星都和太阳一样是单星吗？

　　单星是不和任何其他同类星体组成聚星系统的单一天体。事实上，太阳作为单星很特别 —— 因为银河中超过半数的恒星都是处于由 2 颗、3 颗或 4 颗恒星构成的多重星系（若干有一定相关性的星系组成的一个集合）中。离太阳最近的星系 —— 半人马座（距离太阳 4.2 光年）就是由 3 颗恒星组成。

　　其中，它的伴星"比邻星"离我们最近。无人知晓为什么大多数恒星处于多重星系中，这也许在向我们暗示恒星在星际云中的形成过程。

　　过去，人们认为行星很难存在于多重星系中。如今我们了解到，如果两颗恒星距离很近，行星即可同时环绕这两颗恒星运行。如果银河之外存在着生命，那多数的外星人一定住在有两个或更多恒星照射的星球上。

　　1984 年，芝加哥大学的天文学家戴维·劳普和杰克·赛普考斯基提出：太阳可能有一个很暗的伴星（绰号"复仇者"），该伴星运行于一条长达 2700 万光年的轨道上。这就解释了古生物学上发现的以 2700 万年为周期的地球大灭绝 —— 科学家称，每过 2700 万年，"复仇者"干扰太阳系周围的彗星云，增加彗星撞地球的概率，从而造成地球物种灭绝。至今，尚未有证据证实"复仇者"的存在。即便它存在，

恒星
Fixed Star

上述假设也未必成立,因为周围恒星的重力会产生推力,从而造成"复仇者"轨道周期的改变。

我们不否认下述可能性:很久以前在太阳诞生的同时,有另一颗恒星形成,只是它被经过的恒星"偷走"了。

71. 恒星的 "一生" 是怎样度过的?

每颗恒星都是一个巨大的气球体。氢和氦组成的星际云在自身重力的作用下开始收缩时,恒星就开始形成。这种收缩一直持续,直到热核的密度和热量引发核聚变,将氢转化为氦,同时产生热量。热量通过辐射的方式由里向外传播,形成更大的"斥力"以抵抗引力的作用,此时恒星停止收缩。最初的气球体不复存在,明亮的恒星形成了。

有一点十分重要,核聚变对温度很敏感。温度上升,核聚变加剧;温度下降,核聚变减慢。如果热量生成过程变缓,热核就会收缩,这样核聚变就变快了;如果热量生成过程加快,热核就会膨胀,这样核聚变就减慢了。所以每颗恒星都有一个内部的"恒温器",使它在收缩和膨胀中保持平衡。

不过,没有什么是永恒的。聚变反应将质量较小的氢转化为质量较大的氦。氦向中心下沉,不断挤压,使热核越来越热。这样,恒星的内部结构逐渐变化。恒星的演化过程开始。或迟或早,这一平衡状态将被打乱。

像太阳一样的小质量星会随着氢的燃尽变为红巨星,之后慢慢萎缩,消退成白矮星。而大质量星的演变则涉及更极端的条件,产生新的聚变过程,从而达到新的平衡状态。但是因为引力永远存在,每种平衡都很短暂。

在与引力的斗争中,一颗恒星或许会获得暂时的胜利,但引力永远是最后的赢家。最终,引力迫使热核坍缩为黑洞或中子星,引起超新星爆发(超新星爆发是某些恒星在演化接近末期时经历的一种剧烈爆炸。这种爆炸极其明亮,过程中所突发的电磁辐射经常能够照亮其所在的整个星系,并可持续几周至几个月才会逐渐衰减变为不可见。恒星通过爆炸会将其大部分甚至几乎所有物质以可高达 1/10 光速的速度向外抛散,并向周围的星际物质辐射激波)。

72. 我们是由星尘构成的吗?

宇宙、黑洞、星云和爆炸中的恒星,乍一听似乎与我们的生活毫不相干。可是,事实并非如此。

有些恒星在地球产生前就消亡了,而我们血液中的铁、骨骼中的钙、肺中的氧等都产生于这些恒星中。它们就像一座座熔炉,其主要成分氢是构成大自然的基本元素。这些氢经过不断的聚变逐渐产生一些重元素（比如铜）。恒星中的元素转化过程也改变了恒星自身的化学及其他结构。在不断的内部变化中,恒星逐渐演化。

在多数大质量恒星中,元素形成过程一步步进行,最终产生铁元素。此时,恒星变得不稳定,最终发生超新星爆发,形成比铁更重的元素（如铀）。在超新星爆发中,核反应产生的各种物质散落于天空,超新星碎片混入星际云的气体中。当星云凝结成新的恒星时,新恒星就拥有了超新星碎片中的那些重元素。之后每生成一代新恒星,重元素就更丰富一些。有人据此推断出太阳是第三代恒星,在它形成前有两代恒星已经消亡。

重元素产生于恒星内部的核聚变,而像氢这样至轻的元素却是产生于原始火球大爆炸的最初 10 分钟。事实上,宇宙中氢的原子丰度为 10%,与大爆炸理论的推断正相符。（元素丰度即化学元素在一定自然体系中的相对平均含量。按照不同自然体系计算出来的元素丰度,有地壳元素丰度、地球元素丰度、太阳系元素丰度和宇宙元素丰度等。这些元素丰度分别反映出化学元素在地壳、太阳系和宇宙物质中的相对平均含量。计算元素丰度可以采用不同的单位,按照计算单位的不同,元素丰度可分为重量丰度、原子丰度和相对丰度。其中重量丰度是最基本的数据,它是直接从自然体系中主要物质的化学成分计算出来的数值,原子丰度和相对丰度都是根据重量丰度换算出来的。）这有力地证明了宇宙开始于大爆炸。

占星家们的错误在于他们的设想不够大胆,事实上我们与恒星的关系比他们想象的密切多了。

想对恒星有所了解吗? 举起你的手 —— 你的血肉就是由星尘构成的。从这种意义上讲,你是 "老天爷" 的孩子。

73. 不同的恒星有何区别?

恒星是因自身重力作用聚集在一起的大气球,尽管单颗恒星的结构简单,但是宇宙中的恒星却不乏多样性。

有些恒星已经存在了 10 万亿年,其寿命比宇宙当前年龄的 1000 倍还要长。但另一些恒星却在形成后数百万年后爆炸了。恒星的质量决定了它的寿命。质量大的恒星温度高,燃烧的速度也快得惊人。质量小的恒星只是缓慢地焖烧。

一些恒星(如蟹云脉冲星)还没有珠穆朗玛峰大,另外一些恒星(如大犬座 VY)却大到容纳淹没 100 亿个太阳。

有些恒星是蓝白色,有些像太阳一样是黄白色,有些则由暗淡的桃红色慢慢地衰退为黑色。恒星的温度决定了它的颜色。蓝白色的恒星温度可高达 10 万摄氏度以上,红色恒星只有几千摄氏度。

有些恒星的亮度是不变的,有些的亮度会发生变化,甚至发生爆炸。大质量恒星之所以不稳定,是因为其内部的核反应。

有些恒星含有丰富的重元素(如铁),有些则不然。重元素会抑制恒星内部的热度,从而影响其结构和外观。恒星形成的时期决定其成分。最古老的恒星形成于超新星前,其核聚变的产物丰富了银河系。

有些恒星有行星,有些则没有。至少 10% 的恒星有行星,且不止一颗,因此行星的数量和恒星差不多。

只要想想宇宙中的恒星有 10^{19} 颗之多,你就不难理解恒星的多样性了。

74. 为什么恒星会爆炸?

大多数恒星(如太阳)在燃烧中将氢转化成氦,但它们的密度和热度却不足以达到变氦为碳的下一阶段。当氢燃尽时,大多数的恒星会以红巨星的形式存在一小段时间,然后逐渐变暗直到红色消失,变成白矮星。大质量恒星就不同了:在将氢燃烧变成氦之后,它们的密度和热度仍然大到足以使其进入下一阶段。

多数大质量恒星最终在硅燃烧阶段结束其生命,此阶段核元素迅速生成,并最终转变为铁元素或镍元素。铁核或镍核的形成预示着灾难的来临。此时,进一步的元素生成会耗尽恒星仅剩的能量。由于无法再靠聚变生成的热量与强大的引力抗衡,恒星核心最终发生内爆。

内爆过程产生高密度的中子核。中子核非常坚硬,甚至能将落下的恒星撞飞。接下来便转入了超新星爆炸阶段。在爆炸的瞬间,一颗超新星可能比整个银河系的 1000 亿颗恒星都亮,这意味着人们可以在广袤的宇宙中看到它。其实,超新星璀璨的光亮只消耗了它所释放能量的 1%,其他 99% 的能量都是以中微子形式释放的。(中微子是组成自然界的最基本的粒子之一,不带电,质量非常轻,以接近光速运动。几乎不与任何物质发生作用。)

除了上述由大质量恒星核心坍缩而成的超新星,还有另一种重要的超新星类型(术语为 Ia 型)存在于双星系统 —— 其中一颗恒星变成了白矮星(一种低光度、高密度、高温度的恒星。因为它的颜色呈白色,体积比较矮小,因此被命名为白矮星),并从其伴星吸取气体而逐渐增长,从而引发失控核反应,成为一颗超新星。此类超新星的发现使人们确信爆炸产生的最大光度是一致的。

Ia 型超新星对测量宇宙的距离有重要作用。1988 年,它们揭示了神秘的"暗能量"的存在。

75. 超新星在地球附近爆炸会是什么情形?

既然一颗超新星的光芒胜过 100 亿个太阳,如果有一天它消失在宇宙中,必定会造成一幅可怕的景象。

如果一颗超新星爆炸点距地球在 30 光年以内,它的光芒会比 100

颗满月还耀眼,甚至在白天都看得到。在之后的几个月,其亮度逐渐衰减,直至在肉眼可见的夜空中消失。尽管它的光在 30 年后才能到达地球,但在随后的 300 年里,都会有致命的亚原子颗粒抛射下来。

当亚原子颗粒撞击大气层时,会破坏地球的臭氧层(臭氧层可保护地球生物免受短波太阳紫外线的伤害)。如果地球没有了臭氧层,其表面就不会有生命存在。仅存的生命只能活在海里、洞穴中或地下。

很难估计银河系中有多少颗超新星,因为它们总是隐藏于星际尘埃的帷幕后。不过,在银河这样的星系中,大约每过 50 年我们就能看到一颗超新星,这意味着银河系 100 亿年的历史中可能存在着 2 亿颗超新星。

发生在距地球 30 光年范围内的超新星爆炸有可能导致地球生物大灭绝。幸运的是,过去 400 年里已知最近的超新星——SN1987A——处于银河伴星系中,距地球 17 万光年。

猎户座中的一等星——参宿四濒临超新星爆炸,也许是 100 年后!庆幸的是,参宿四距地球 650 光年,如果它爆炸,它的亮度仅为距地球 30 光年的超新星的 1/500。

但是,一颗活跃的超新星会衰减至发生 γ 射线暴(又称 γ 暴,是来自天空中某一方向的 γ 射线强度在短时间内突然增强,随后又迅速减弱的现象,持续时间通常在 0.1~1000 秒),最终形成黑洞。高能的 γ 射线极其危险。γ 射线暴,即使发生于 1 万光年以外,也能将大气层中的原子电离,从而破坏臭氧层,威胁地球上的生命。

76. 中子星和脉冲星是什么？

　　告诉你一个疯狂的事实：你可以把整个人类装进一块方糖大小的空间。为什么？因为物质是惊人的虚空。

　　你可以把一颗原子想象为微缩的太阳系，电子围绕小小的原子核运行，就好像行星绕着太阳转。可是，把原子描绘为微缩的太阳系并不能体现原子虚空的程度——原子的 99.99999999999% 都是空的。如果能把地球上所有构成人的原子的真空挤出，就可以把人类塞进一块方糖大小的空间。

　　这可不是疯狂的幻想。在太空中就有物体的真空被从其原子中挤出，其产物就是中子星。中子星是大质量的恒星发生超新星爆炸后剩下的坍缩的内核。你可以想象一下太阳被压缩为一座山的情形。

　　如果你能踏上一颗中子星，在上面舀出一块方糖大小的量，它的重量就相当于整个人类的重量。当一颗恒星坍缩成一颗中子星，它的转速就加快了。

　　1967 年，24 岁的女研究生乔斯林·贝尔在剑桥大学利用射电望远镜发现有规律的脉冲射电波从 CP1919 上发出。很快，贝尔又发现了其他几个脉冲射电源。起初，人们以为这是外星人在向地球发信号，把这些射电源戏称为"小绿人"。

　　1968 年，托马斯·歌尔德和弗兰科·帕齐尼意识到贝尔发现的是快速旋转并发出射电波束的中子星，称其为"脉冲中子星"或"脉冲星"。中子星表面的引力是地球表面引力的 1000 亿倍。

　　至今，脉冲星的相关研究已获得了三项诺贝尔奖。可是脉冲星的最早发现者乔斯林·贝尔却无缘此殊荣。人们普遍认为这是天文学界的一大不公。

77. 黑洞是什么?

黑洞是引力极大的时空区域,其引力强到连光也无法逃脱。因此,黑洞是一片漆黑。

人们认为黑洞是大质量恒星在衰亡过程中发生超新星爆发的产物 —— 恒星的外层向外爆炸的同时,其核心向内迅速坍缩,温度和密度猛增。如果质量足够大,恒星核将会坍缩为奇点,奇点处的密度和质量无限大。

每个黑洞都有一个奇点掩藏在"事件穹界"下。事件穹界是一种时空的间隔曲线,它标志着掉入黑洞的任何物质都无法逃脱。如果太阳变为一个黑洞(事实上,太阳的质量并不足以使其转变为黑洞),它的事件穹界将只有 3 千米长。

根据爱因斯坦的引力理论,黑洞的引力大到能偏折其周围的光,扭曲时空。因此,如果你靠近黑洞,你将看到你的后脑勺,因为你后脑勺处的光在黑洞处发生偏折,射在你眼里。由于黑洞所产生的时空扭曲,在事件穹界附近,你将看到宇宙的未来在你眼前快速闪过,就像放电影那样。

　　至今，我们仍无法直接观测到黑洞，因为它太小而且是黑的。我们只能根据黑洞的引力间接地推断其存在。譬如，天鹅座 X–1 是一颗高质量恒星，围着看不见的伴星（普遍认为是黑洞）旋转。我们可看到被吸入黑洞的物质发出的 X 射线。

　　除了由一颗或多颗天休坍缩成的黑洞外，星系中心还有一种超大质量黑洞，其质量是太阳的百万倍到数十亿倍。除此之外，还存在一种极小的可能性：宇宙也包含一些产生于大爆炸的特别小的黑洞。

　　事实上，黑洞并不完全是黑色的。正如史蒂芬·霍金发现的那样，由于量子效应，黑洞会发生霍金辐射。（在"真空"的宇宙中，根据海森堡测不准原理，会在瞬间凭空产生一对正反虚粒子，然后瞬间消失，以符合能量守恒。在黑洞穹界之外也不例外。霍金推想，在黑洞外产生的虚粒子对，如果其中一个被吸引进去，而另一个逃逸，那么，逃逸的粒子获得了能量,不需要跟与其相反的粒子湮灭,而可以逃逸到无限远。在外界看就像黑洞发射粒子一样。这个猜想后来被证实,这种辐射被命名为霍金辐射。)

78. 恒星是"人造"的吗?

乍一看,这个问题很愚蠢,对吧?事实上,这个问题和一个重要的科学问题有关:我们该如何辨认外星人?

在"寻找外太空星球智慧生命计划"中,人们在太空中扫描某一频率的信号。发出此种信号的信号源就相当于外太空的广播电台。这种信号是规律的、重复性的,遵循一定的模式。但它含有多余信息,可以进一步加以简化。

而真正有效的信号是随意的、无固定模式的,就如同太阳或雷电风暴的射电辐射。目前,移动电话的信号传输和电脑的数据传输都是如此。要实现高效,就要去除所有重复的内容和固定模式。

我们的结论是,来自外太空的代表高级文明的信号将是随意的,就像大自然的信号那样,很难与宇宙射线的"杂音"区别开来。既然外太空的信号与我们规则的信号不同,外太空的人工制品与我们的人工制品应该也不一样。

数学软件 Mathematica 的发明者斯蒂芬·沃尔夫勒姆认为,外太空的人工制品应该很自然,就像树木、恒星 …… 他还进一步质疑道:"恒星是人造的吗?"尽管在我们看来这不大可能,但是要明确回答这个问题还真不容易。

银河

79. 银河系是什么样的？

在深邃的夜空中，银河系就像一条白茫茫雾蒙蒙的河流。在古人眼中，它就像是黑暗中洒落的牛奶，并因此得名（The Milky Way）。

1610年，伽利略透过望远镜望向太空，发现银河其实是由不计其数的恒星聚集而成。1922年，科学家发现旋涡星云是在太空中呈圆盘状聚集的恒星，银河系正是这样一种旋涡星云。可是，以太阳为观察点的人们很难辨明银河系的具体结构，因为太阳就处于银河系中。

从遥远的恒星射向银河的可见光会被星际空间的层层尘埃所吸收。要观察银河的结构，你需要一种能穿透尘埃的光线。

利用可穿透尘埃的无线电波，人们观测到银河其实是个旋涡星系，其巨大的旋臂由2000亿颗恒星组成，在太空中绕着银心（银河系的中心区域）旋转。银河中的恒星聚集成扁盘状，从其边缘望去，它就像是两个背对背拼在一起的煎蛋。和其他旋涡星系一样，银河系中心也有一个恒星组成的球状凸起，从此处向外延伸出一条条旋臂。扁盘状银河星系盘的直径达10万光年——这个扁盘确实很"扁"——其凸起处的高度只有2000多光年。

太阳位于一条名为猎户臂的旋臂上,距银河系的中心约 27,000 光年。太阳绕银河系中心旋转一圈需要 2.2 亿年。上次太阳转到当前位置时,地球还由恐龙统治着呢!

90. 银河中的恒星是在哪儿形成的?

二战期间,在洛杉矶附近,德国天文学家沃尔特·巴德运用威尔逊山天文台 2.5 米的望远镜首次对上述问题进行了探索。他发现银河中有两类不同的星族:第一个星族位于旋臂上,呈蓝白色;第二个星族位

于圆盘的凸起处,呈微红色。微红色的是年老的恒星,而蓝白色的恒星则较年轻。巴德由此得出结论:旋臂是产生恒星的摇篮。

事实上,旋臂并不是银河的永恒特征——如果是的话,恒星要恒久保持螺旋臂的形状,必定会越缠越紧,最终完全缠绕在一起。在认识到旋臂的上述本质后,天文学家才明白恒星产生于旋臂的真正原因:银河星系盘像湖面一样波动,从中心向外辐射出旋涡密度波。密度波向外发射时,将其辐射途中的星际气体压缩,使小水珠凝结为恒星。因此,是密度波导致了恒星的形成。

银河的旋涡就像墨西哥星系波,其寿命看起来无穷无尽,其实是因为我们的生命比密度波传播所需的时间短得多。

土星光环的结构和旋臂的旋涡结构类似,但是更加紧凑,看上去更像一张硕大的密纹唱片上一圈圈的螺旋纹路。它们的产生都是基于同一现象:旋涡密度波。

81. 什么是球状星团和疏散星团?

恒星不是单独生成的,数十颗,甚至数千颗恒星常常同时生成,它们巨大的热量吞噬着巨分子云边缘的气体。由于恒星形成的摇篮——旋臂上总是发生着剧烈的恒星风和恒星爆炸,新生的恒星们逐渐散开了。

几亿年后，一颗颗的恒星分散得很远，远到人们难以想象它们居然是"兄弟"。

事实上，太阳的"兄弟们"也许仍在太阳附近。可是很难具体判断，因为太阳形成于 45.5 亿年前。

不过，年轻的疏散云团却很容易见到。（疏散星团是指由数百颗至上千颗由较弱引力联系的恒星所组成的天体，直径一般不过数十光年。疏散星团中的恒星密度不一，但与球状星团相比，疏散星团中的恒星密度要低得多。）金牛座的昴宿星团中新生的高温恒星至今仍隐藏在星云物质中。

但是，银河中不只包含这种由同时生成的恒星群疏散后形成的疏散星团，也包含未疏散的球状星团。球状星团由少则 10 万，多则数百万颗的恒星组成，这些恒星紧密地聚集在直径数十光年的范围内。球状星团绕着银河系的圆盘运行。

银河系中有 150~200 个这样的星团。其他星系的球状星团数可不止几百个。例如，巨大的椭圆 M87 星系就拥有 1 万多个球状星团。

球状星团中的恒星聚集得很紧密，有时甚至会相互碰撞。这种碰撞对于和其他恒星间隔很大的星体（如太阳）而言是不可能发生的。

疏散星团由新生的恒星组成。比起球状星团来，疏散星团一是密度小，二是由新生恒星而非古老的恒星组成。

通过了解构成球状星团的恒星年龄，人们推测出球状星团产生于 100 亿年前，那个时候球状气体云还在收缩成银河的过程中。但是，早期的银河为何形成了球状星团？具体的产生过程是怎样的？这些仍然是未解之谜。

82. 绕银河旋转的卫星系有几个？

行星有卫星，星系也有卫星系。受银河重力作用影响的卫星系约有 25 个。在南半球的夜空，用肉眼就可以看到两个最大的卫星系——大麦哲伦云和小麦哲伦云。大麦云呈模糊的云雾状，宛若夜空中的一缕青烟，其面积相当于 10 个满月。小麦云的形态与大麦云相似，面积相当于 5 个满月。

麦哲伦云以葡萄牙航海家费迪南德·麦哲伦的名字命名。1519 至 1521 年，他在环球旅行时观察到这两个天体奇观并记录下来。大麦云距银河 17 万光年，其质量是银河的 1/10；小麦云距银河 20 万光年，其质量是银河的 1/20。

1987 年，在大麦云内部发生了一次肉眼可见的超新星爆发。自 1604 年发现开普勒超新星（SN 1604）以来，这次是所观测到的最明亮的超新星爆发。这颗超新星被命名为 "SN 1987A"。在被发现后的一个多月，它的光所释放的能量是太阳的 1 亿倍。

作为两个最大最亮的卫星系，大麦云和小麦云绕着银河旋转，就像飞蛾绕着烛火那样。

银河其他的卫星系拥有的恒星较少，亮度很低。其中，最大的卫星系直径约 1000 光年，不及银河直径的 1/100；最小的直径只有 150 光年。其他星系也有卫星系。银河最大的邻居——仙女座，就有至少 15 个卫星系。据估计，银河系卫星系的数量是目前天文学家所观测到的卫星系的 100 倍。这仍是个重大的未解之谜。

有关星系起源的理论认为,暗物质形成团（晕），吸引普通物质,从而形成大大小小的暗物质晕。（在宇宙学中,暗物质是指那些自身不发射电磁辐射,也不与电磁波相互作用的一种物质。）据推测,大的暗物质晕,比如银河中的暗物质晕,大约包含 1000 个小暗物质晕。小的卫星系就是由这些小暗物质晕而来。

那么银河的卫星系在哪里呢？暗物质的提倡者称,它们确确实实存在着,但是我们看不到,因为它们太模糊了。不过,这些"失踪的"卫星系也可能意味着暗物质理论存在错误之处。

83. 银河是由什么组成的?

银河,是不是像其他旋涡星系那样,由恒星和星云组成呢？答案是否定的。银河的大部分我们是看不到的,就像海里的冰山那样。在研究银河外围的恒星、测量它们绕银河中心旋转的速度时,人们很容易就察觉到了不可见物质的存在。

在远离银河系中心的地方,恒星运转的速度很快。就像坐在旋转木马上越转越快的孩子,感觉就要被甩到星系间的太空去了。解释这个奇特现象时,天文学家假设银河系包含不可见的暗物质。暗物质超大的引力吸引着恒星,所以它们才不会被甩出去。

因此,涡状扁盘形的银河处于巨大的球状暗物质晕中,也许这暗物质晕的质量是可观测银河系的 10 倍大。如果银河主要由暗物质组成,你周围肯定也存在着暗物质。许多天文学家试图寻找暗物质。人们在银河系以外也找到了暗物质存在的证据。暗物质的质量比可见物质大六七倍。

要解释为什么银河外围的恒星运转得飞快,暗物质的假设并非最大胆的。关于这个问题,还存在另一种观点:修正牛顿动力学。1983 年,以色列物理学家莫迪凯·米尔格罗姆提出了修正牛顿动力学,该理论可解释所有涡状星系中的恒星高速旋转的原因。该理论认为,吸引高速旋转的恒星,使其不至于脱离星系的并不是暗物质的巨大引力,而是比牛顿经典物理学所推测的更强大的银河外围的引力。

为数不少的天文学家拥护修正牛顿动力学,但是没有人能确定该理论背后的物理依据。大部分物理学家还是对它持怀疑态度。

84. 潜伏在银河中心的是什么?

在银河系中心,恒星聚集的密度是太阳附近的数百上千倍。银心的活动十分剧烈,超新星爆发所引起的星际气体湍流彼此碰撞。

人马座 A* 是个黑洞,质量是太阳的 430 万倍。它就像只孤独的怪兽,在星际星尘的遮掩下潜伏于黑暗的银心,距太阳 2.7 万光年。它

吞噬着星际气体,撕毁恒星。

　　人马座 A* 的事件穹界(即物质掉进去就无法逃脱的那个区域)长约 1500 万千米。无人知晓人马座 A* 的起源。但是多数星系的中心都有超大质量黑洞,有的甚至是人马座 A* 质量的 1000 倍。

　　宇宙中的黑洞,有的很小,有的质量虽大但是离我们太远,用当前的望远镜难以观察。人马座 A* 大小适中,离我们也较近,因此成为我们唯一能拍摄到的黑洞。

　　"甚长基线干涉测量技术"运用射电抛物面天线以达到一架大型天文望远镜的观测效果。它可以放大人马座 A*。借助此技术,天文学家希望能观测到人马座 A* 的事件穹界。如果这点得以实现,在不久的将来人们就能证实黑洞的存在。

95. 银河系最近的邻居是谁？

据科学家了解,本星系群是包括地球所处之银河系在内的一群星系,由大约 30 个星系组成,银河是其中最大的成员。本星系群中唯一可与银河的体积相匹敌的是仙女座星系。仙女座和银河系相似,都是巨大的涡状星系。

本星系群中大都是矮星系(光度最弱的一类星系),大小约为一般恒星的 1/10。像银河和仙女座这样的涡状星系并不多见。仙女座是肉眼能看到的最远的天体,状如暗淡的椭圆小光斑。其体积是月亮的 6 倍。仙女座距离我们约 250 万光年——250 万年前,我们的人猿祖先还在非洲平原上四处摸索呢。

现在,仙女座和银河系正在慢慢靠近对方。大约 23 亿年后,仙女座会擦过银河系,在其重力作用下,银河系中的恒星将会被抛散。但是,就像钟摆有规律地运动那样,在 50 亿年后,仙女座又会重新与银河系擦过。银河系与仙女座星系的碰撞将会产生巨大的椭圆星系。届时,太阳将被 "踢" 到距银河中心 27,000 光年至 52,000 光年的地方。

5000 万光年外的室女星系团是离我们最近的一个大星系团,它包含约 1300 个星系。事实上,本星系群是室女星系团的一个偏远的成员,绕着本超星系团(本星系群所在的超星系团)的边缘旋转。

星系

86. 什么是星系?

星系就像庞大的星星岛屿,漂浮在浩瀚的宇宙中。宇宙由大约 1000 亿个星系组成。

星系是宇宙大爆炸的产物,一个个的星系就是大爆炸生成的碎片,散落在宇宙间。如果宇宙缩小为直径 1 千米的球体,每个星系的大小就相当于一片阿司匹林。

有些星系是规则的,有些则是不规则的恒星组合。最普遍的两种类型是椭圆星系和旋涡星系。有的星系只包含几百万颗恒星,而巨大的椭圆星系包含的恒星则可达数万亿之多,其形状有的近似圆形,有的则较瘦长。

旋涡星系,就像它的名字暗示的那样,呈旋涡状。旋涡星系的中心区域为透镜状,由古老的红色恒星组成。从隆起的核球两端延伸出若干条螺线状旋臂,新的恒星就是在这里产生的。

与旋涡星系不同,椭圆星系中几乎没有气体,只有古老的红色恒星。气体都在很久前恒星产生的过程中耗尽了。

旋涡星系和椭圆星系的关系目前尚不明确。但有人推测椭圆星系是由两个旋涡星系碰撞所产生,在碰撞中恒星的运动完全被打乱了。

一些旋涡星系的中心呈棒状,棒的两边向外延伸出旋臂。有证据显示银河系属于棒旋星系。

87. 星系是如何被发现的?

在 18 世纪时,天文学家痴迷于寻找彗星。但是,天空中有许多雾状光斑极易被误认为是彗星。

为了协助这些彗星 "猎手",1784 年,法国天文学家查尔斯·梅西耶发表了《梅西耶星团星云列表》。他那时还不知道,他的列表中的一些 "星云" 实际上是星系。

1845 年,在爱尔兰的比尔镇,罗斯爵士制造了当时世界上最大的望远镜 —— 一架 72 英寸(1 英寸 =2.54 厘米)口径的反射望远镜,并利用它发现了许多星云也具有旋涡结构,其中最美的当数 M51,因为具有清晰的星系旋臂,后来它被命名为旋涡星系。

随后,更大型的天文望远镜揭示出,涡状星云之所以看起来朦胧,是因为组成它的恒星太密集。1920 年,天文学界发生了一场大讨论:涡状星云是在银河系内,还是独处于宇宙的另一端?

美国天文学家哈罗·沙普利认为涡状星云处于银河系内,柯蒂斯

则坚持说涡状星云处在银河系以外很远处。直到 1922 年,他们的争辩才停止。

1923 至 1924 年,在洛杉矶附近的威尔逊天文台,美国天文学家爱德温·哈勃用口径 100 英寸的胡克望远镜观测到了仙女座大星云中的造父变星。利用造父变星的光变周期与其光度的关联,哈勃推测出仙女座与银河系的距离远达百万光年,这一距离远远超过当时银河系的直径,因而仙女座一定位于银河系外。

哈勃的重大发现揭示了宇宙是由星系组成的。他用当时世界上最大的望远镜观测到了河外星系的存在。这让人们认识到,原来自己所处的宇宙,比任何人想象的都要庞大。

88. 我们如何了解星系的距离?

宇宙是由星系组成的,所以"如何了解星系的距离"就相当于"如何得知宇宙的大小"。

要弄清星系的距离,就必须找到一个"标准烛光"—— 一个可以用来和周围天体比较光度的天体。造父变星(造父变星是变星的一种,它的光变周期与它的光度成正比,因此可用于测量星际和星系际的距离)的光变周期与光度之间存在确定的关系。对于较近的星系,天文学家利用造父变星来确定其距离。例如,天文学家在 M100 星系发现了超亮的造父变星,确定 M100 位于银河系外 5600 万光年处。

更远处的星系则需要用比造父变星更明亮的 Ia 超新星来测量。Ia 超新星发生在双子星中:致密的地球大小的白矮星由伴星获得能量而逐渐增长,在达到一定质量时爆发。(Ia 超新星是变星的子分类中,由白矮星剧烈爆炸产生的激变变星。白矮星是完成正常的生命周期程序,已经停止核融合的恒星,但是白矮星中最普通的碳和氧在温度够高时,仍有能力进行下一步的核融合反应。)

人们普遍认为,双子星中的白矮星最后发生超新星爆发时,最大光度具有一致性。Ia 超新星很明亮,即使在宇宙的边缘也看得见。有了它们,天文学家就可以推算出遥远星系的距离。

推测遥远星系的距离时会涉及"哈勃常数",它是河外星系退行速度同距离的比值,目前确定的哈勃常数值为 73 (km/s)/Mpc。意思是由于宇宙大爆炸,如果一个星系比另一个星系远 100 万秒差距(326 万光年),则其视向退行速度比另一个星系大 73 千米 / 秒。

星系光波的延伸(多用 "红移" 表示,红移是物体的电磁辐射由于某种原因波长增加的现象,目前多用于天体的移动及规律的预测上)揭示了星系远离我们的速度。天文学家通过哈勃常数和所观测到的星系红移量,便可得出星系的距离。要注意的是,由于光速的原因,我们测到的距离总比实际的距离短。

89. 类星体是什么?

类星体是类似恒星的极亮的光点,又被称作似星体,是迄今为止我们观察到的距离最远的星体。

1963 年,美国籍荷兰裔天文学家马顿·施米特发现了首颗类星体。虽然之前也有人观测到类星体,但施米特第一个认识到类星体的重要性:处在如此遥远的距离外却还这般明亮,类星体一定具有超常的亮度。

典型的类星体释放的能量是正常星系(如银河)的数百倍。难以置信的是,类星体的能量如此巨大,体积却比太阳系还小。对于这种奇怪的现象,天文学家认为可能是物质被牵引到星系中心的超大质量黑洞中,并释放大量能量所致。这些高速旋转的物质释放出的白炽光,经过吸积盘进入黑洞。

这里我们所讲的黑洞并非普通的、跟一般恒星质量差不多的黑洞，而是超大质量黑洞。在最明亮的类星体中，超大质量黑洞的质量大概是太阳的 300 亿倍。

类星体被发现后不久，人们观测到其周围有一团模糊的云雾。原来，类星体是超亮的星系核。类星体是活动星系的极端例子。（活动星系又称激扰星系，是有猛烈活动现象或剧烈物理过程的星系，包括类星体、塞弗特星系、射电星系、蝎虎天体、星爆星系等。）活动星系的光主要产生于超大质量黑洞，而非恒星。星系中约有 1% 是活动星系。

也许多数星系（包括银河系）都曾经历过年轻的活动期。当中心黑洞燃料烧尽时，活动期结束。类星体的繁盛期是在数十亿年前，如今，我们周围已无类星体。

90. 只有个别星系中存在巨型黑洞吗？

被发现后很长时间内，类星体都被看作是宇宙中的异常现象，与普通星系联系甚微。后来，人们认识到绝大多数的星系中心都有超大质量黑洞，其质量是太阳的数千万倍甚至数百亿倍。

这些黑洞大部分处于休眠状态，由于被星际尘埃所掩盖，很难被观测到。银河系自身也包含一个超大质量黑洞（人马座 A*），不过这个黑洞并不太大,其质量是太阳的 430 万倍。

人们强烈怀疑大多数星系都曾经历过活跃的类星体阶段,银河也不例外。当气体 "燃料" 耗尽时,星系的类星体阶段结束,进入稳定期。

据推测,在宇宙形成的早期可能存在大量的类星体,因为当时有大量的气体可供其反应。随后在恒星形成的过程中,气体被消耗殆尽。在宇宙形成早期,星系间的距离比较小。由于宇宙一直在膨胀,所以星系间的距离越来越遥远。星系碰撞的碎片落入了黑洞中,使黑洞迅速长大。

超大质量黑洞(一种黑洞,其质量是太阳质量的 10 ~10 万倍)很小,星系很大。可是,它们两者的质量有着密切联系。黑洞质量是星系中心凸起处恒星质量的 1/700。有迹象显示黑洞和星系关系密切 ——要么是星系造就了黑洞,要么是黑洞造就了星系,要么黑洞和星系是同时形成的。

超大质量黑洞和星系的具体关系的本质至今仍是宇宙学的未解之谜。

91. 为什么星系中有巨大的黑洞?

在主流天文学说中,先有星系,再有巨型黑洞。巨型黑洞存在于多数星系的中心。

按照这种说法,第一批星系应该比如今的星系小,其中心密密麻麻的都是恒星,恒星爆炸形成了黑洞。在早期拥挤的宇宙中,星系互相碰撞,形成更大的星系。星系中心的黑洞也不断碰撞、合并,形成更大的黑洞。在过去的 100 亿年中,这种超大质量黑洞一直在成长,并且吞噬着周边星系的气体和恒星。

可是这种景象未免有些混乱,而且不能解释为何中心黑洞的质量总是其宿主星系中心凸起处恒星质量的 1/700。

这个问题也许可以用喷射流来解释。人们普遍认为喷射流是由黑洞磁场内被禁锢的能量产生的。在绕黑洞旋转的超高温吸积盘内,这些能量被扭曲,导致超大质量黑洞在旋转中从其自转轴中喷射出极细的物质流。

形成喷射流的过程中,吹出大量气体。这些气体是构成新恒星的原料,因此喷射流抑制了恒星形成。这或许能解释超大质量黑洞的质量和星系中心凸起质量的关系。

但是,一些天文学家,如牛津大学的约瑟夫·希尔克教授,认为上述理论颠倒了前后关系。不是星系产生了超大质量黑洞,而是超大质量黑洞产生了星系。在希尔克看来,宇宙大爆炸之后,碎片逐渐冷却,凝结成巨大的气体云。这些静止的气体云是星系的最初形式,它们的中心很密集,并且在自身重力的作用下不断收缩,形成了超大质量黑洞。喷射流开始发生,将极细的物质流喷到数千万光年以外的宇宙空间。当喷射流射中静止的气体云,便将其中的气体压缩,形成大量恒星,进而产生新星系。

类星体 HE0450-2958 的存在为上述观点提供了佐证。HE0450-2958 漂浮在宇宙中,距最近的星系 23,000 光年。此距离相当于太阳到银河中心的距离。该类星体附近未发现别的星系。作为唯一无宿星系环绕的类星体（其实是超大质量黑洞），HE0450-2958 孤单地漂浮在太空中。

在 HE0450-2958 的例子中，无宿主星系的类星体的喷射流如激光束般射向星系中。因此有人认为类星体喷射流产生了星系。

92. 巨型黑洞是如何迅速变大的？

大爆炸后不久，在离我们最远的地方形成了一些类星体。这些类星体的黑洞质量是太阳的 100 亿倍。那么，人们不禁要问：在如此短的时间内，这些黑洞是如何迅速变大的？

普通天文学理论认为，初期星系中与恒星质量相当的黑洞互相融合，形成了更大的黑洞。在星系不断地互相撞击中，星系中心的黑洞也在合并。这个步骤繁多的过程一定进行得非常迅速，这样才能解释为何现在多数遥远的类星体中都存在巨型黑洞。

美国天体物理学家米歇尔·贝杰门对于巨型黑洞的迅速形成有不同的解释：在气体云内部收缩形成最初的星系时，气体的密度极大，从而形成巨型黑洞。中心黑洞迅速成长，收缩中的气体云为其提供成长所需的气体。因此，巨型黑洞的形成早于恒星。

贝杰门假设存在着一团巨大的炽热气体球（贝杰门称之为"类恒星"），隐藏其中的是一个迅速长大的黑洞。通常，如果黑洞变大，其热量会将周围的气体吹走,其成长速度因此受到限制。但是贝杰门认为黑洞的成长速度是惊人的。

贝杰门称,就像黄蜂会在毛虫体内产卵,然后其幼虫会咬破寄主的身体钻出来,黑洞也会逐渐损耗其宿主星系的能量,直到最终脱离出来。当黑洞的热量吹走了周围最后一丝气体,瞬间,一个完全长大的巨大黑洞出现了。

要证实上述假说并非易事。计划于 2018 年发射的杰姆斯·韦伯望远镜将以红外线代替可见光研究宇宙。人们相信该设备将有助于揭开巨型黑洞形成之谜。

93. 宇宙中最大的结构是什么?

宇宙中的 1000 亿个星系并不是均匀分布的。它们一团一团地挤在一起,构成星系团。一个个星系团又聚集在一起,形成了超星系团。超星系团在宇宙中的分布也并不均匀。它们一个个地聚集起来,形成了更大的集合体。银河属于由大约 30 个星系构成的本星系群。本星系群则属于一个叫作室女星系团的本超星系团(本星系群所在的超星系团)。

在宇宙中的某些地方,一串串的超星系团连绵不断;在其他地方,超星系团密密麻麻地聚集起来,仿佛宇宙中的一张帘、一堵墙。

"史隆长城"由一连串星系组成，其质量等于 10,000 个普通星系之和，长度为 14 亿光年左右（该长度是可观测宇宙直径的 1/60）。它还被载入了 2006 年的吉尼斯世界纪录，被称为"宇宙中最大的结构"。

宇宙形成的早期就存在这种巨型结构。这给天文学提出了一个问题：在大爆炸之后，这种巨型结构是如何迅速地产生的？其实，在大爆炸的一瞬间，残余的量子随机波动，并迅速地膨胀，这才是宇宙中最大的结构。

奇怪的是，当今宇宙中最大的星系集合体是由大爆炸中的原始结构而来，而原始结构尚不足一颗原子那么大。

94. 我们看到的星系会是幻象吗？

1977 年，由 7 台射电望远镜组成的多天线微波干涉仪网（总部设在焦德尔班克）拍摄到了两个极为相似的类星体：类星体 QSO 0957+561。事实上，它们是同一天体。只是在重力透镜影响下，光线偏折而呈现出了二重像。

重力透镜是大质量天体使光线发生偏折或放大的现象。1915 年爱因斯坦的广义相对论中包含了关于重力透镜的推测：如果一个大质量天体（如星系团）位于我们与另一遥远天体（如类星体）之间，该大质量天体的重力会使遥远天体的光发生折射或被放大。

所以,中介星系周围的光可能会发生多重成像,产生五重成像的可能性最大。有些影像太遥远而难以观测。中介星系的重力透镜作用不但可以放大遥远天体的光,也可以缩小这些光,从而提升其亮度。

因此,中介星系就像是大自然的望远镜,可提升那些遥远天体的亮度以便观察。 我们看到的近处的星系是真实存在的,但是较远处的星系很可能是中介星系。更遥远的星系则可能是重力透镜作用下的幻象了。

中介星系并非只能放大或缩小光线。星系团的重力也可将遥远天体的光线扭曲为拱形。重力透镜现象亦可用于揭示发生透镜作用的中介物质,即使是难以直接观测的暗物质。

意大利航天专家克劳迪奥·马可尼建议用太阳作为重力透镜。该"重力望远镜"的焦点将在冥王星之外。但是太阳重力透镜的构架至今仍是个挑战。

95. 为什么望远镜被看作时间机器？

光速虽快，但并不是无限快。光从别的物体到达我们需要一定时间。因此，我们所看到的物体其实是更早期的物体。

对于日常生活中的物体，这种延迟作用并不明显。因为光速高达300,000 千米/秒，比一架客机快百万倍。然而，宇宙是巨大的，天体间的距离很远。光从一个天体来到我们眼前需要很长时间。因此，天文望远镜就成了"时间机器"。

月光到达我们眼前需要 1.3 秒，日光需要 8.3 分钟，半人马座比邻星（除太阳外离地球最近的恒星）的光需要 4.2 年，而仙女座星系（肉眼能看到的最远天体）的光到达我们需要 250 万年。

要了解天体"目前"的真实面目是不可能的，我们能了解的只是光从天体发出时该天体的样子。打个比方，光就像个老人在缓慢地行走，用了 100 年才过了马路。等他到达马路另一边，原先对面的那些房子可能早就不复存在了。遥远的星系所发出的光就是如此。

多数遥远的星系可能已经不存在了。我们所看到的其实是它们100 多亿年前的样子 —— 那时候地球还不存在呢！

我们能看到的最远的光（其实是无线电波的形式）来自 137 亿多年前，即宇宙生成后 38 万年。这最远的光是宇宙大爆炸的余光。大爆炸前，宇宙是雾蒙蒙一片，光无法直线传播。

电视调台时出现的静电的 1% 也源于宇宙大爆炸的余光。宇宙中99.9% 的光子都来自这种最原始的光。

96. 宇宙有多大？

要解答宇宙有多大的问题，先要定义"宇宙"这个概念。事实上，宇宙并不是永恒存在的。它诞生于 137 亿年前的大爆炸中。

我们现在所看到的星系，其光线到达我们用了 137 亿年。更遥远的星系发出的光还在传播的途中。我们观测到的 1000 亿个星系处于一个以地球为中心的巨大的太空球中，称为"可观测宇宙"。

可观测宇宙长约 840 亿光年，宽约 420 亿光年。为什么年仅 137 亿年的宇宙会宽达 420 亿光年呢？因为自很久前，宇宙就一直在膨胀，其膨胀速度比光速还快！

1905 年，爱因斯坦在狭义相对论中提出光速是宇宙中最快的速度。而在他 1915 年提出的广义相对论中，宇宙可以以任何速度膨胀。

因光速有限且大爆炸有时间起点，故可观测宇宙有其界限。这个界限就是假想的"光穹界"，它标志着用天文望远镜能看到的最远的地方，即"宇宙穹界"。我们对宇宙的了解大于对"宇宙穹界"的了解。

根据膨胀理论，"宇宙穹界"外仍然存在无限的宇宙。宇宙是无限的！

97. 大爆炸是什么？

137 亿年前原始火球发生了大爆炸，所有的时空、能量和物质都产生于这次大爆炸中。之后，宇宙持续膨胀，大爆炸的碎片冷却，凝结成了无数的星系（其中包括银河系）。

1916 年，爱因斯坦将他的广义相对论用于研究宇宙的重力质量。根据广义相对论，宇宙一定是在膨胀的。可是当时连爱因斯坦也不信宇宙能胀缩，并因此错过了他自己的方程中所揭示的重要信息。

苏联物理学家亚历山大·弗雷德曼和比利时物理学家乔治·勒迈特分别于 1922 年和 1927 年认识到了宇宙膨胀的事实。宇宙并不是一成不变的，而是在不断"生长"。

1929 年，爱德温·哈勃发现宇宙是在膨胀的。除了离我们最近的星系，其他星系都在离我们远去，越远的星系远离的速度越快。

如果星系彼此越来越远，那么它们之前的距离应该比现在小。在 137 亿年前，它们彼此紧挨，构成了原始火球。当时宇宙虽小，温度却比现在高（就像被气泵压缩的气体温度更高那样），因此原始火球温度很高。

1948 年，霍伊尔、邦迪和戈尔德一起创立了"稳恒态宇宙模型"，认为宇宙各处不断从虚无中产生物质，以维持膨胀宇宙中的物质密度不变。讽刺的是，英文"大爆炸"一词最初是 1949 年霍伊尔在 BBC

的一次广播节目中首先使用的,可他自己从未相信过大爆炸理论。

20 世纪 60 年代初,人类运用射电望远镜发现了宇宙深处的类星体。目前的宇宙中已经不存在这样的类星体了。

1965 年,彭齐亚斯和威尔逊发现了大爆炸火球的余热 —— 宇宙微波背景。大爆炸理论胜利了。

98. 大爆炸发生于何地?

提到 "大爆炸",人们会想起爆炸的情景。其实,"大爆炸" 并不是那种情形。爆炸的发生通常需要一个确定的地点,就像炸药爆炸那样。但是,宇宙大爆炸却没有这样一个地点。

大爆炸后产生了宇宙,而且宇宙开始迅速向各个方向膨胀。你可以想象一下不断膨胀的蛋糕中的葡萄干 —— 在任何一颗葡萄干看来,其他葡萄干都是在向后退的。如果把膨胀中的宇宙看作越变越大的蛋糕,星系就是嵌在蛋糕中的葡萄干了。从任何一个星系上看去,其他的星系都在后退。因此,在膨胀的宇宙中,每个人看到的景象都是相同的:自己就处于爆炸的中心。可是大爆炸并没有中心。

而且,在炸药爆炸的过程中,弹片在预先存在的空间炸开。但是对宇宙而言,这个 "预先存在的空间" 并不存在。

大爆炸产生了宇宙,不断膨胀的宇宙。

再次想象一下那块无限大的蛋糕。如果它是无限大，对它来说就没有所谓的"外部空间"。膨胀意味着所有内部的点都在向外延伸。当然，宇宙膨胀也可能是沿着空间曲线不断延伸，就像高维的气球表面那样。即使在这种情况下，"外部空间"也是不存在的。

如果这么复杂的描述让你大伤脑筋，那你只需记住：大爆炸是四维的（三个空间维度，一个时间维度），我们这样的三维生物看不到。我们能做的只是粗略地了解大爆炸。要掌握它的全部，只有广义相对论中的相关数学理论才能做到。

99. 我们是如何知道大爆炸的？

宇宙一直在膨胀，所以它以前一定比现在小。宇宙中的氦只能解释为是大爆炸的产物。在日常生活中，电视调台时所产生静电的 1% 是大爆炸的直接产物。

大爆炸的初始火球就像颗氢弹，不同的是氢弹爆炸的热量可向四周消散，大爆炸的热量却无处可去，只能被限制在宇宙内。顾名思义，"宇宙"是一切空间和时间的综合。

至今，大爆炸产生的热量依然存在。但是在过去 137 亿年里，随着宇宙的膨胀，这些热量已经大量散失。

大爆炸的余光以微波而非可见光的形式存在。肉眼看不到，但是却能被电视捕捉到。在触到你的电视天线前，大爆炸微波已经跋涉了 137 亿年。临行前它最后触到的物体是原始火球。

宇宙中 99.9% 的光子都是来自大爆炸的余光而非恒星和星系。如果我们可以从外部看宇宙，"宇宙余光"将是最明显的特征。整个宇宙都在发光，就好像灯泡那样。大气和所有的冷物体（包括你自己）都因为微波而发光。讽刺的是，这种宇宙中最主要的光却很难被看到。

1965 年，宇宙微波背景辐射最早由贝尔实验室的两位天文学家彭齐亚斯和威尔逊偶然发现。尽管他们以为自己接收到的是鸽粪发出的微波(鸟儿会在射电天线上栖息),他们还是获得了 1978 年的诺贝尔物理学奖。

宇宙微波背景辐射使我们可以看到珍贵的"宇宙婴儿照"——宇宙在 38 万岁时的照片。个别处余光的温度大于或小于平均温度,这意味着大爆炸后物质最早是在这些地方凝结的。这里也是最初形成星系的地方。

约翰·马瑟和乔治·斯穆特因为发现了宇宙微波辐射的黑体形式(宇宙微波辐射在一个相当宽的波段范围内良好地符合黑体辐射谱,对应温度大约为 2.7 开)和各向异性(宇宙微波辐射在整个天空上是高度各向同性的,只具有一个微小的偶极各向异性:在赤经(11.3±0.1)°、赤纬(4±2)°的地方温度略高,在相反的方向温度略低),获得了 2006 年的诺贝尔物理学奖。

100. 大爆炸之前发生了什么?

众所周知,在量子物理中,原子有各种能级。一个绕原子核转动的电子可以有某些非常确定的能态,而这些能态又对应着确定的能量。最低的能级称为基态,它是稳定的。较高的能级称为激发态,它们是不稳定的。高能态要向低能态衰变。一个原子可以取一定范围内的若干种激发态,这些激发态都是不稳定的,原子会力图向最低能态即基态衰变,这个基态才是稳定的。

　　类似的原理适用于真空。物理上的真空实际上是一片不停波动的能量之海。它可以有一种或多种激发态。这些激发态有各不相同的能量。最低的能态,也就是基态,有时称为 "真" 真空,是稳定态;激发态真空则称为 "伪" 真空。像所有的激发量子态一样,伪真空是不稳定的,它要发生衰变以回到基态 —— 真真空。

　　主流的天文学理论认为,最初存在一个伪真空。伪真空有一种斥力,因此它迅速膨胀。越膨胀,产生的真空越多,能量也越多,斥力就越大,伪真空就膨胀得越快。这些能量是来自虚空的,是 "免费的午餐"。

　　伪真空是不稳定的,它会随机发生衰变回到真真空 —— 我们所处的宇宙的现有状态。你可以想象大海中水泡的形成。伪真空中的能量必须释放出来。这些能量创造了宇宙球中的物质,并将其加热到极高的温度,最终形成了大爆炸。在这幅 "膨胀" 的图画中,我们的宇宙只相当于大海中的一个小水泡,永远被膨胀的伪真空与其他 "水泡" 隔离开来。

　　当加速膨胀耗尽所有的能量后,正常膨胀阶段开始了。如果将之前加速膨胀的威力比作氢弹的爆炸,随后的正常膨胀就只相当于炸药筒的爆炸。

　　高能的伪真空是从哪里来的呢? 根据量子理论,能量可以从虚空中产生(海森堡测不准原理)。也许在大爆炸前产生了一小片伪真空,其膨胀势不可挡(因为真空膨胀的速度很快)。

　　于是另一个问题产生了:允许能量产生于虚空的量子理论的原则是从哪里来的呢? 这是个无尽回归的问题。就像如果我们说宇宙是坐落在龟壳上,马上就会产生一个问题:乌龟站在什么上呢? 正如一位参加伯特兰·罗素的天文学讲座的女士所言:"年轻人,你很聪慧。可是你该知道,这乌龟一只驮着一只,接连不断啊!"

101. 宇宙膨胀的速度有多快?

宇宙膨胀的速度可以用哈勃常数加以量化。目前的最新的数值是 73(km/s)/Mpc(100 万秒差距 =326 万光年)。这意味着由于大爆炸膨胀力的存在,两个河外星系,如果 A 比 B 的距离远 326 万光年,则 A 的视向退行速度比 B 快 73 千米 / 秒。

可是,宇宙并不总是以当前的速度膨胀,其膨胀速度一直是多变的。有人猜想自大爆炸以来,宇宙的膨胀速度肯定是越来越慢,因为膨胀过程一直在消耗能量。但问题远非这么简单。

一开始,只存在真空。它以惊人的速度膨胀,在宇宙生成的瞬间就至少膨胀了 60 倍。最初的膨胀结束后,巨大的真空能量产生物质并把其加热到至高的温度,形成了原始火球。

之后,因为各个星系互相推挤,起到了制动作用,宇宙膨胀的速度便减慢了。

但是,在刚过去的几十亿年,奇怪的事发生了 —— 本来已经减速的宇宙膨胀又开始加剧了。

天文学家认为空旷的太空中有种奇异的能量 —— 暗能量。暗能量是一种不可见的、能推动宇宙运动的能量,它与万有引力共同推动着宇宙中所有的恒星和行星的运动。暗能量的斥力加速了宇宙的膨胀。可是存在一个问题：宇宙膨胀的加速和暗能量膨胀的加速有关联吗？这个问题至今没人能回答。

如果暗能量推动膨胀持续下去，河外星系会被越推越远。到公元1000亿年的时候，可观测宇宙中将只剩下孤零零的银河系。

102. 为什么夜空是黑的？

1610 年，神圣罗马帝国的御用数学家 —— 约翰尼斯·开普勒首次提出了这个问题。那时，在意大利的帕多瓦，伽利略用天文望远镜观测到了以前肉眼看不到的恒星。由此，开普勒想到：人类源源不断地发现新的恒星，最终会得到什么结论？

当你望向一片茂密的松林时，你看到的全是树；同样，当你望向浩瀚的宇宙时，你看到的就全是星星。开普勒据此推断：与人们猜想的相反，夜空不该是黑的，而应该像太阳（典型的恒星）那么明亮！

其实，最典型的恒星当数红矮星。红矮星表面温度低，颜色偏红，质量在 0.8 个太阳质量以下。银河系中 70% 的恒星都是红矮星，所以夜空"应该"是一片血红色。

为什么夜空是黑的而不是明亮的？该问题后来以德国天文学家海因里希·奥伯斯的名字命名，称作"奥伯斯佯谬"。对于这个问题，著名的诗人和小说家爱伦·坡曾给出一个貌似可信的答案：夜空之所以是黑的，也许是因为最遥远的恒星的光还没到达地球。

"有限宇宙年龄"的发现为爱伦·坡的答案提供了证据 —— 我们能看到的天体的光线到达地球的时间都小于 137 亿年。可是大爆炸解释不了"奥伯斯佯谬"，事实上这个佯谬根本就不存在！即使在无限古老的宇宙中，夜空也不是明亮的。

开普勒大胆假设恒星可以永远燃烧，在宇宙中无限发光。但这个假设是错误的。事实上，就算所有的星星将其所有的能量都用来燃烧发光，也不足以让夜空变得光亮。就像水太少就填不满浴缸那样，宇宙中星星的能量太少而不足以照亮整个宇宙。

谁能想到，这么一个"夜空为什么是黑的"的问题居然困扰了人们 400 年，而且还引发了这么多关于宇宙的思考！

103. 什么是暗物质？

这个问题至今没有答案。人们只知道暗物质不像普通物质那样会发光，或者说它的光太微弱，连当前最先进的仪器也无法探测到。

暗物质的质量是可见物质的 6 到 7 倍。由于暗物质对可见恒星的引力，我们能觉察到其存在。恒星在这种引力的作用下运行，从而让人们意识到：有更多的我们看不到的物质存在于宇宙中。

1932 年，荷兰天体物理学家简·奥尔特提出银河系中存在大量暗物质。1934 年，瑞士天文学家弗里茨·兹威基发现：星系团里的星系围绕星系团中心高速旋转，而星系团中心的可见天体所产生的引力远不

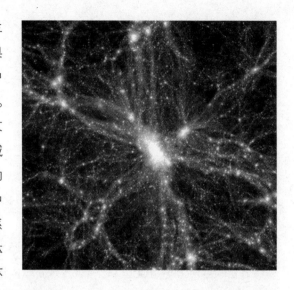

足以使星系维持这种高速旋转。由此提出星系团中可能存在暗物质。

20 世纪 80 年代，美国女天文学家维拉·鲁宾发现位于旋涡星系外部边缘的恒星围绕星系中央超高速运行。这意味着星系应该会裂开。可是，这种情况却并未发生。

天文学家称，这是因为有看不见的暗物质"吸引"着星系边缘的恒星。天文学家认为每个旋涡星系（银河系也不例外）都被一个巨大的球形暗物质晕所环绕。暗物质究竟是什么？这一问题已成了物理学最大的谜题。当前，最被科学家们看好的候选物质是一种假想的亚原子粒子。

既然暗物质是无处不在的，那么它一定也存在于地表之下。科学家们已在矿井中设立一系列实验来探寻暗物质。坐落在日内瓦附近的大型强子对撞机 —— 巨大的粒子加速器与粉碎机 —— 将有望发现暗物质的候选物质。

无疑，能解决暗物质之谜的人将因此成为诺贝尔奖的获得者。

104. 暗能量是什么？

充溢宇宙空间的暗能量是不可见的。它所具有的反引力加速了宇宙的膨胀。

1998 年，美国科学家索尔·皮尔姆特以及澳大利亚的布赖恩·施密特分别领导两个小组通过实验首次发现了暗能量的存在。

在遥远的宇宙中，作为标准烛光的超新星比人们预期的暗淡许多，这表明一定存在一个大于正常宇宙膨胀的力量在驱散超新星。

与人们的预测相反，宇宙膨胀并没有因为河外星系的引力而减慢，相反，其膨胀速度越来越快。宇宙本身一定包含着某种具有负压强的东西——暗能量。暗能量的"负引力"与将星系聚集在一起的引力正相反。暗能量是宇宙的主要组成部分，占宇宙总质量的 73%（暗物质占 23%，普通物质占 4%）。

很难相信，人类直到 1998 年才发现宇宙的主要构成。这对于那些早在 19 世纪就声称已全面了解宇宙的物理学家而言，是个难忘的教训。

事实上，暗能量非常稀薄，但是其效应却不断增加。这就解释了为什么它操控着整个宇宙，但是人们却无法察觉它在地球上的存在。

毫无疑问，暗能量是科学史上最出人意料的发现之一，同时也是最令人困惑的。

量子理论使我们有了电脑、激光和核反应堆,也使我们了解了为什么太阳会发光,为什么脚下的土地是坚硬的 …… 可是在用量子理论预测真空的能量 —— 暗能量时,得到的数值却比我们能观察到的大 10^{120} 倍。

暗能量代表了科学史上观测结果与预测数值的最大出入。是哪里出错了呢? 多数物理学家相信仍有一个重大的真理未被发现。只有当我们发现这个真理,我们才能真正了解暗能量。

105. 宇宙适合生命居住吗?

尽管看起来的确如此,但我们在这个问题上还是要谨慎。因为在科学中,表象总是有迷惑性的。

如果引力比现在大几个百分点,太阳核心将受到挤压,温度也更高,这样一来,所有的"燃料"会在宇宙形成后 10 亿年之内被耗尽 —— 10 亿年还不足以完成智能生命的进化。如果引力比现在小几个百分点,太阳核心便不会被挤压,其温度不足以燃烧,这样一来,地球上就根本不会出现生命了。

同样,如果核威力比现在大几个百分点,太阳根本不可能燃烧 100 亿年,而是在不到 1 秒内就燃烧至爆炸!

当我们观察大自然时,似乎一切的物理定律都是为了我们的生存而设计的。可问题是：我们该怎样解释这一切呢？一种可能是 —— 尽管不够科学 —— 上帝为我们设计了这些物理定律。可是，尚无证据证明这种超自然的支配宇宙力量的存在。另一种可能是，存在许多宇宙，每个宇宙都有着不同的法则，所以我们自然会觉得自己居住的宇宙适合生命生存。

上述观点颠倒过来就又产生了一种所谓的"人类原则"：物理学法则本该如此，否则，就不可能有人类注意到它们了。请注意，这里并没有什么"能解释一切的理论"。也许这正显示了大自然的力量是相互关联的，而我们所认为的"设计"也许根本就不存在。

可是，暗能量的能级小得让人难以置信，这也许只能用"人类原则"来解释了：拥有反引力的暗能量必须要足够小，才能不妨碍气体云收缩，进而形成对人类生存至关重要的星系。

106. 我们所处的宇宙是唯一的吗？

大自然似乎总在提醒我们：我们所在的宇宙并不是唯一的。相关证据来自许多方面。在多元宇宙的假说中，各个平行宇宙集合成一个多元宇宙，某些宇宙可能拥有一些和我们所在的宇宙相同的事物，而不同宇宙所遵循的物理定律可能不同。科学家们至今还不清楚一个个的宇宙是如何无缝连接的。多元宇宙是一个新兴的范式。

因光速有限且大爆炸有时间起点,故观测可及宇宙有一界限,这一边界称为宇宙穹界。我们对自己所处宇宙的了解多于对宇宙穹界的了解。膨胀理论认为:像我们的宇宙一样的时空连续体有无数个,并且每个都发生过大爆炸。可是,大爆炸的碎片凝结成的星系或恒星却并不相同。每个星系和恒星都有自己的历史。我们所处的宇宙中的物理定律似乎是为我们量身定制的,也许其他宇宙中会有不同的物理定律。

作为理论物理学的一门学说,弦理论为以上猜测提供了理论框架。在弦理论中,自然界的基本单元不是电子、光子、中微子和夸克之类的粒子。这些看起来像粒子的东西实际上都是很小很小的弦的闭合圈(称为闭合弦或闭弦),闭弦的不同振动和运动就产生出各种不同的基本粒子。按照该理论,也许存在着 10^{500} 个宇宙。那么,我们为什么身处此宇宙而非彼宇宙呢?弦理论认为时空维数是十维,所以不同的宇宙不仅拥有不同的物理定律,也可能有不同的时空维数。

量子理论也显示,要么原子处于很多平行宇宙中,要么其运动使其仿佛身处平行宇宙中(大多数物理学家相信后者)。量子力学的"平行宇宙"和宇宙穹界外的时空似乎存在某种关联。

美国宇宙学家马克斯·泰格马克甚至认为:也许存在着像俄罗斯套娃那样的"多层次"宇宙,而不仅仅是多元宇宙。

宇宙中的生命

107. 生命是如何开始的?

定义"生命"并不容易,不过下面这个提法也许已经很接近了:生命是自持的化学系统,能够进行达尔文进化。毫无疑问,生命可以产生于宇宙中。不信的话,可以看看镜子中的你自己。大爆炸时,宇宙中还没生命,现在至少有了我们人类。

宇宙一开始只有氢(最简单的化学元素)和氦(最不活泼的元素,基本上不形成化合物),不足以生成复杂的生物分子。恒星中的核聚变

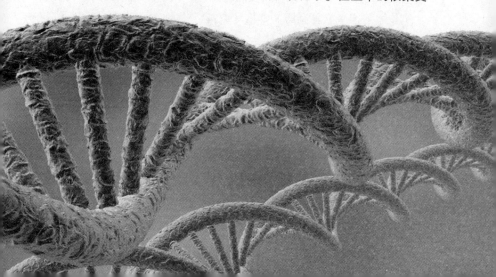

逐渐形成了较重的原子,如碳、氧、氮,并由此产生碳氢化合物。

此类生物分子,包括氨基酸,在星际空间中随处可见。它们是构成生命的基本物质。在水池中、天空下,新生的地球上首次形成了自我复制的分子,不过这一切发生的具体过程现在还无从知晓。

也许,最早生成的是最基本的核酸(RNA),之后才有了复杂的脱氧核糖核酸(DNA),然后才有了能自我复制的细胞。后来,在自然选择的作用下,生物体的数量发生改变。

几乎在新生的地球冷却的那一刻,地球上就出现了生命。这意味着生命从无到有的过程并不困难(但是这个过程却不可能在实验室里完成)。生命的形成需要分子、促进分子反应的能量以及供分子反应的溶剂(比如水)。显然,年轻的地球是生命产生的理想场所,因为它会与满载生命基本物质(如氨基酸)的彗星碰撞。

没有水,生命能存在吗?也许吧。但是,水是宇宙中最常见的液体,其特质很难被其他物质替代。生命是以碳为基础的吗?答案也许是否定的,尽管碳是一种很常见的元素,以多种形式广泛存在于大气和地壳之中。

108. 太阳系的其他地方会有生命存在吗?

太空的环境十分残酷:没有任何物质,温度极高或极低,且存在有害的紫外线辐射 —— 所有这一切都对活细胞不利。

如果气温过高,复杂的分子会断裂;反之,分子的代谢作用会变得很慢。分子还需有遮盖物使其免受其他粒子或辐射的侵扰。几乎可以肯定,没有空气的地方(如月球和水星上)是没有生命的。同样,太阳系外围的严寒地带也不会有生命存在。

很久很久以前,火星就像地球那样,大气较浓密,温度较高,表面有海洋。最早的生命有可能出现在火星上。在那里,存在于地下冰或水洼里的微生物也许至今还幸存着,因为它们所处的特殊环境将它们与火星表面的严酷条件隔离开来。未来的太空探索将收集来自火星的样本,如果真的从中发现生命 —— 来自火星的生命 —— 这将是意义非凡的科学事件。

在金星和木星厚厚的大气层的某些地方也许有幸存的微生物。但是,很难想象在这两个星球上生命会怎样开始。

木卫二(木星的卫星之一)上有被冰覆盖的海洋、能量源(来自行星的潮汐),也有来自彗星的生物分子,连复杂的生命形式也可以在这里生存。盖尼米得(木星的卫星)、恩克拉多斯和提坦(土星的卫星)也具备形成生命的条件,但是要确认这几颗星球上是否存在生命绝非易事,且耗资巨大。

人们发现了生活在岩缝里、黑暗中或是超高温水中的嗜极生物,这暗示着太阳系的许多地方都可能有生命。但是,至今还未在地球以外的地方发现生命。目前地球仍是唯一的生命家园。

109. 生命有可能来自宇宙吗?

生命来自宇宙? 有可能。以火星为例:火星比地球小,所以它形成后的冷却时间应该比地球短。火星表面有干涸的海洋和河流,这表明在火星诞生后的 5 亿年里,应该有生命出现过。另外,我们在地球上发现了火星的陨石。这些陨石是经过巨大的撞击后散落到地球上的。因此,地球上的生命有可能起源于火星陨石中的微生物。我们有可能都是火星人哦。

生命在各个行星间互相传送的观点(即"行星胚种论")是当前的主流观点。那么生命会在各个恒星中传播吗? 这个问题所引发的争议很大。赫尔和威克拉马辛提出:漂浮在恒星间的气体云中存在着不计其数的死微生物。当这样的气体云凝结成恒星和行星时,有些微生物幸存于瞬间融化的彗星核里。其中少数微生物复活并繁殖下去。当一颗彗星被推向太阳方向时,它会将微生物带到像地球这样的行星表面。所以,也许生命最早不是来自火星,而是来自某颗恒星。

尽管我们目前还不能在实验室创造生命,星际胚种论已足以解释为何生命迅速出现在地球上。如果赫尔和威克拉马辛是对的,生命就是宇宙现象,在银河系的各处我们都应该能找到像人类这样以脱氧核糖核酸为基础的生命形式。

关于生命起源的问题还存在更加极端的看法。20 世纪 70 年代,弗兰西斯·克里克和雷斯利·奥吉尔提出地球上以及银河系周围的生命都是外星人故意撒播的。

110. 太阳系是独一无二的吗?

太阳系中的结构井然有序:行星基本上处于同一平面,都朝着同一方向旋转。这也许和太阳系的起源有关。

德国哲学家伊曼努尔·康德(1724—1804)和法国天文学家皮埃尔·西蒙·拉普拉斯(1749—1827)由此提出"星云假说"。他们认为,物质绕新生的太阳转动,形成扁物质盘并进一步凝结成行星。那么,其他恒星周围也会发生这一过程吗?

20 世纪 80 年代,荷兰和美国合作发射的首颗红外天文卫星探测到一些恒星的热量过高,据此推测这些恒星周围也许存在尘埃盘。随后,在距我们 63 光年处,地面的天文望远镜发现了绘架座 β 星,更进一步的分析表明,β 星的尘埃环已开始聚合形成颗粒和碎块。20 世纪 90 年代初,哈勃太空望远镜观测到:猎户星云中新生的恒星周围存在原行星盘(即围绕新形成的年轻恒星的浓密气体,因为气体会从盘的内侧落入恒星的表面,所以可以视为是一个吸积盘)。后来的观测证实,这种行星盘很普遍。

尘埃原行星盘比完全形成的行星更容易观测。它们分散恒星的光,并发出红外线。年轻的恒星可能被真正的原行星盘包围,年老的恒星则可能被行星盘的残片包围,这些残片产生于更大天体的碰撞。由于更大天体的重力,有些行星盘被截断了,有些中心是空的,有些则存在缺口(如土星环上的缺口)。

计算机模拟显示,旋转的扁行星盘中的气体和尘埃越聚越多,最终形成行星。所有的证据都证实:尽管其他星系可能不如太阳系这样秩序井然,但我们的太阳系并非独一无二。

III. 外星球是什么?

外星球是指太阳系之外的星球。太阳系中的行星(共8颗)绕着太阳转,外星球则绕着其他恒星转。

截至 2011 年春,已知并确认的外星球超过了 500 颗。外星球体积小,光度低,离其母星很近。它们只反射了母星的很小一部分光,因此要直接观测外星球是不可能的。

大多数外星球是人们通过观察它们对其母星的间接作用发现的:外星球绕母星旋转,其引力使得恒星摇晃。这种晃动很难在天空中看到,但是通过测量星光很容易发现。

恒星离我们时近时远,因此其光线的波长也会发生轻微的周期性变化(多普勒效应)。据此我们可计算出轨道周期、角距离及行星质量的较低限度(假设星球质量已知)。

1995 年,米歇尔·麦耶带领的瑞士天文探测队发现了第一颗环绕类日恒星飞马座 51 的行星 —— 飞马座 51b。

还有另一种观测方法:从侧面观测行星公转轨道。行星常常从恒星(其母星)面前经过,遮挡光线,导致恒星出现短暂光度下降。如果恒星的大小已知,由其亮度的下降程度可推测出行星的大小。结合质量,便可算出行星的密度(多普勒法)。

要从侧面观测行星公转轨道,必须要监控许多恒星。美国宇航局的开普勒太空望远镜正在执行这一任务。至今,已发现 1200 多颗行星绕其他恒星运转。由此我们得出结论:类地外行星正在类地轨道上绕类日恒星公转。也许这些外星球上存在生命。在未来,开普勒太空望远镜有望发现外星球生命。

112. 最奇怪的系外行星是哪颗?

几乎每颗系外行星都有其奇怪之处。

最早发现的几颗系外行星(1992 年)绕着一颗脉冲星公转,其来源至今还不清楚。(脉冲星是中子星的一种,是会周期性发射脉冲信号的星体,直径大多为 20 千米左右,自转极快。)可以肯定这批行星上是没有生命的,因为脉冲星发出的 X 射线太强了。

这批行星是"热木星"。它们的质量比木星大,其轨道与类日恒星的距离小于水星与太阳的距离。热木星很容易观测到,因为大质量行星如此紧凑地绕恒星公转,会使恒星产生更大的晃动。

温度最高的系外行星是热木星 WASP-12b,其温度高达 2240 摄氏度。它也许会像巨型彗星那样慢慢蒸发。

公转轨道最小的系外行星是 GJ-1214 b(210 万千米)。公转周期最短的是 55 Cancri e(17 小时 40 分钟)。有些系外行星的公转轨道很倾斜,有些则很长。

许多恒星有 2 颗或 2 颗以上的行星。55 Cancri 有 5 颗行星,格利泽 581 和开普勒-11 各有 6 颗行星。开普勒太空望远镜甚至发现了两颗行星在同一轨道运行的情况,其中一颗行星在另一颗后 60° 处。

有些多岩行星温度很高,由此推断其表面一定是灼热的。CoRoT-7b 和 开 普

勒 –10b 是多岩行星，比地球略大略重。它们绕着恒星公转，被称为熔岩行星。

其他行星则可能完全被海洋和高温潮湿的大气覆盖。如较大的格利泽 581g，它的公转轨道很小，母星是颗冷红巨星（红巨星指恒星燃烧到后期所经历的一个较短的不稳定阶段），因此其表面可能有湖泊或海洋。

理论家猜测一些系外行星的主要成分是碳化合物、铁和镍，其他系外行星则是多岩行星，没有金属核。系外星系和太阳系很不一样。像地球这样有海洋、有生命、围绕类日恒星公转的行星少之又少。

113. 我们可以和地外文明交流吗？

19 世纪，科学家提出可采用下列方式和火星人交流：按照几何形状种植树"阵"，或是在撒哈拉沙漠燃起大火。1959 年，美国物理学家朱塞佩·可可尼和菲利普·莫里森在大名鼎鼎的《自然》杂志上刊登了一篇文章，声称波长 21 厘米的无线电信号是星际交流的最佳选择。一年后，弗兰克·德雷克开创了"奥兹玛计划"，目的是通过无线电波搜寻太阳系附近的生物标志信号。

1960 年以来，"搜寻地外文明计划"的灵敏度越来越高。我们也曾在宇宙飞船上向其他恒星发出信息（"先驱者号"金属板和"航行者号"的航行记录）及无线电信号。可是至今还未探测到来自外星人的信号。

与此同时，无线电和电视广播已经将地球变成了一个天然的人工无线电波的发射器，这些信号应该可以被外星人接收。你可以通过"在家搜寻外星智慧计划"加入到搜寻地外文明的行动中。天文学家也在利用可见波长进行搜寻。

据我们所知，与地外文明的交流几乎不可能：即使是与最近的星球进行交流，一问一答也需要 8 年时间。语言也是个问题。数学家们设计出了"宇宙语"—— 假设外星人十分努力，他们也许能听懂这种语言。

"搜寻外星智慧计划"能否成功取决于类地行星的数目、智能生命存在的频繁度等因素。

美国亚利桑那州立大学教授保罗·戴维斯提出，在半个世纪以来外星智能生命的搜寻中，我们获得的只是"可怕的沉默"。这也许暗示着地外智能生命很稀少，甚至根本不存在。

参与搜寻外星智慧计划的科学家们却很执着 —— 如果不寻找，就不可能有任何发现。过去的 50 年也只不过是宇宙眨一下眼的时间而已。

114. 有外星人到达过地球吗？

在《2001 太空漫游》这部影片中，外星人在月球上留下了一个太空婴孩,以便了解人类的情况。

许多人都会认为,如果银河外出现过外星人,那外星人一定也来过太阳系。

美籍意大利裔物理学家恩里科·费米也这样认为。1942年,他曾在芝加哥大学的壁球馆里成功建成了首座受控核反应堆。

费米认为探索河外星系最简单的办法是"自我复制法":一个人飞往最近的星球,利用资源复制两个自己。这种太空探索可以像细菌一样在河外星系传播。要走遍银河系的所有恒星需要上千万年,相当于银河系年龄的0.1%(银河系年龄为100亿年)。

在著名的"费米佯谬"里,费米提出:如果外星人存在于银河系,他们一定访问过地球。他进一步质疑道:外星人到底在哪里呢?

有人说根本没有外星人,因为人类文明是最早出现的文明。我们注定一直孤单地生活在宇宙中,永远也找不到其他可以交流的生命。也有人说,外星人毁灭了宇宙中像我们这样的新生文明。还有人认为,我们处在外星人无法到达的地带。

但是,没有证据并不能说明外星人不存在,也许外星人曾拜访过地球,只是其痕迹被一些天气现象或地质活动抹去了。最有可能发现外星人的地方是月亮这样的星球,说不定外星人在那里生存了数亿年 —— 就像《2001太空漫游》中的黑巨石那样。

宇宙最外围行星的轨道范围达到 2×10^{32} 立方千米。目前我们的探索范围还太小,不足以得出外星人不存在的结论。

天文学的历史

115. 谁是最早的天文学家?

天文学是最古老的科学,至少天文学家这样认为。最早的天文学家出现在史前时期,他们终日在思考:太阳、月亮、星星到底是什么? 后来,人们根据太阳每天的运动发明了钟表;根据月相变化和季节更替发明了日历;通过星星来辨别方向。

发现于法国的动物骨雕刻(前 3 万年左右)也许是最早的阴历。发现于法国拉斯科的壁画(前 15,300 年左右)所描绘的可能是星座。建于公元前 3100 年至公元前 1600 年的英国史前巨石柱是最原始的天文台,用于了解季节。如今,每逢夏至时,太阳依然从高跟石(位于巨石柱东北方土堆外的大道上)处升起。

　　在每种文化中,天体都被视为神灵。研究天体的运动也就成为早期人们了解神的旨意的方法之一。结果,早期的天文学成了一种迷信,认为地球上的事件受天体运动支配。日月食、行星的碰撞、流星雨及彗星的出现以前都被视为战争或饥荒的预兆,许多人到现在还这么认为。

　　在每种文化中,天体对神话的产生都起了很大作用。成千上万年来,天文学与宗教密切相关。

　　最早的天文学家普遍认为,地球是宇宙的中心。走出去,抬头看看,你就知道他们为什么会这样想了。

116. 古代文明对宇宙有何了解?

　　古代文明对宇宙的了解并不多。那时的人们没有任何光学仪器,也不懂天文知识,全凭一颗好奇心来观察天空。

　　埃及人认为大地是平的,天空女神努特在她的爱人格伯(大地之神)之上弯成弓状。太阳神每天都乘坐神圣的船穿过天空,来往于两个地平线之

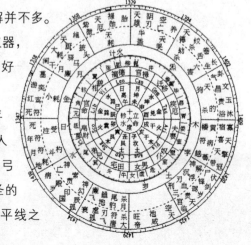

间。明亮的天狼星则与伊西斯女神有关。天狼星对农业很重要：在6月，它是早上最早出现的星星，并且能预告尼罗河的洪水。

　　许多金字塔以极高的精度朝着北方，但这并非出于天文观测的目的。人们所说的几座金字塔平面图共同构成猎户座图案的说法也许是错的。

　　巴比伦人修建了祭奠神祇的金字形神塔，这种神塔也被用来观察夜空。他们还留下了楔形文字的观察记录。最古老的记录包括公元前两千多年的月食以及关于金星（当时称作"伊师塔"）的长达21年的观察记录，当时金星被看作晨星或晚星。

几世纪后,巴比伦人发现了天体运动的规律,如行星的运动和日月食等。他们开始预测天体变化,并首次将一天分为 24 小时,将圆角分为 360 度,将黄道分为十二宫。在古代中国和朝鲜,御用占星师观察记录天体事件,留下许多关于彗星和客星(超新星)的记载。

上述文明都未能了解天体运动背后的机制。但他们普遍认为,天体是神圣的。

117. 古希腊人的宇宙观是怎样的?

古希腊人对宇宙的了解较多。

古希腊哲学家泰利斯预测到公元前 585 年 5 月 28 日会发生日食,从而结束了米堤亚人和吕底亚人之间的战争。

早在公元前 500 年前,古希腊哲学家巴门尼德就得出结论:地球是球形的。因为月食发生时地球的影子总是圆形的,只有球形物体的影子是圆的。

古希腊哲学家、数学家毕达哥拉斯和柏拉图的数学和几何理论奠定了古希腊宇宙观的基础。他们认为球形和圆形是完美的图形,并认为数是宇宙万物的本原,研究数学的目的并不在于使用而是为了探索自然的奥秘。

柏拉图的学生亚里士多德(前 384—前 322)认为地球被看不见

的清澈球体包围，这些球体承载着天体。

古希腊哲学家、语法学家和鉴赏家阿里斯塔克（前310—前230）得出了日地距离是月地距离的20倍的结论。尽管这个结论是错误的（事实上，前者是后者的390倍），但它至少指出了太阳明显大于地球。

古希腊天文学家、物理学家埃拉托色尼（前276—前194）选择同一子午线上的两地——西恩纳（Syene，今天的阿斯旺）和亚历山大——来观察太阳，从而精确地测量出地球周长。

古希腊伟大的天文学家喜帕恰斯（前190—前120）发现了地球地轴方向的缓慢变化，并编纂出西方第一部星表，该星表记录了80多颗恒星的位置和亮度。

古希腊人的宇宙观是：地球被7颗行星包围（月球、水星、金星、太阳、火星、木星、土星）。在太阳、月球和其他行星之外，是镶嵌着所有恒星的天球——恒星天。再外面，是推动天体运动的原动天。

古希腊天文学家克罗狄斯·托勒密（90—168）发展了地心说。他用"本轮"来解释所观测到的复杂的行星运动：各行星都绕着一个较小的圆周运动，而每个小圆的圆心则在以地球为中心的圆周上运动。他把绕地球的那个圆称为"均轮"，每个小圆称为"本轮"，同时假设地球并不在均轮的正中心，而是偏开一定的距离。

大约公元150年时，托勒密在其著作《天文学大成》（共13卷）中介绍了他关于行星运动和日食的设想。此著作至今仍在使用中，它介绍了含1022颗恒星的星表，并列出了48个星座。

118. 古希腊人的宇宙观在中世纪是如何幸存的?

　　托勒密认为宇宙以地球为中心,太阳、月亮和其他行星绕着地球转,该思想在之后的 1400 年里一直占据统治地位。

　　随后的很长一段时间内都是所谓的 "黑暗的中世纪",欧洲处在罗马教皇的统治之下,一切行为言论都受到控制。多亏了阿拉伯的天文学家们,古希腊的文化遗产才能保存下来并且得以发展。伊斯兰黄金时代始于 8 世纪。1258 年蒙古人入侵巴格达标志着该时代的结束。

　　阿拉伯帝国阿拔斯王朝的哈伦·拉希德(764—809)组织人将托勒密的著作《天文学大成》译成了阿拉伯语,译名为《至大》。因此,许多恒星也有阿拉伯语名称:追随者(毕宿五)、母鸡尾巴(天津四)、飞鹰(牵牛星)。

　　903 年,伊斯兰天文学家阿布德·热哈曼·阿尔苏飞观察到了天女座星系和麦哲伦星云,后将其录入他于 964 年出版的《恒星之书》中;阿布·赖哈尼·比鲁尼(973—1048)也是个伟大的天文观察者,他发明了天文仪器,抨击了占星术,他甚至提出地球围着

太阳转;阿布·依沙克·亚布拉罕·宰尔嘎里(1029—1087)住在西班牙的托莱多,他编制了可计算出太阳、月亮和另一些行星位置的星表。

托莱多图书馆里的阿拉伯语书籍,包括托勒密的《天文学大成》,在1175年都被意大利学者杰勒德翻译成了拉丁文。因此,在12世纪,欧洲学者首次接触到了古阿拉伯、希腊、犹太人的天文学、数学和医学方面的文本。

同时,阿拉伯天文学也保留下来。兀鲁伯(1394—1449)在撒马尔罕(乌兹别克斯坦东部城市)设立了天文台,这样即便用肉眼也能准确地观测天体了。

119. 玛雅历为什么止于2012年?

在古老的玛雅历中,每144,000天是一个大周期,我们所处的"第四个世界"将于2012年12月21日结束。古老的玛雅人相信,在我们之前,神明的前三个创世都失败了。不过当今的玛雅人(居住于危地马拉)并不为此担心。

玛雅文化在公元900年达到顶峰,之后一直延续到16世纪,被西班牙征服。玛雅文化中有复杂的数学系统和象形文字。玛雅人已经了解银河系中的尘云,他们修建了大量的神庙和天文台。

玛雅人住在北回归线以南,因此每年看到太阳直射回归线两次。这两天是玛雅历中重要的日子。他们首次看到昴宿星那天,太阳也是在直射回归线。他们对明亮的金星及其自转公转周期也有浓厚的兴趣,但是他们的天文学知识很贫乏。

除了卓尔金历和哈布历,玛雅人还使用长计历作为碑文铭刻用的日期,以辨别不同事件之间的关联。长计历产生于5世纪,根据长计历,日数的单位称为 kin,20 个 kin 称为 winal(或 uinal),18 个 winal 为一个 tun,20 个 tun 称为 katun,20 个 katun 为一个 baktun。因此一个 baktun 就相当于 144,000 天。

对玛雅人来说,在 2012 年将会有一个 baktun 结束(该 baktun 起于公元前 3114 年 8 月 11 日),新的一个 baktun 即将开始。但是,宇宙的发展并不会遵从地球上某一文化的历法系统。所以,2012 年 12 月 21 日只是个普通的星期六,并非恐怖的世界末日。

120. 日心说是谁提出的?

1543 年,波兰著名的天文学家尼古拉·哥白尼(1473—1543)出版了他的伟大著作《天体运行论》,书中提出了革命性的宇宙观:日心说。日心说完全否定了托勒密的地球中心说。

可事实上,第一个提出日心说的人并不是哥白尼,而是古希腊哲学家阿里斯塔克。在意大利期间，哥白尼熟悉了阿里斯塔克的学说，从而确认了地球和其他行星围绕太阳运转的说法。

哥白尼出生于波兰的托伦市。在他 10 岁时，他父亲去世了。后来他由叔叔抚养长大。哥白尼曾在克莱考大学、博洛尼亚大学和帕多瓦大学攻读法律、医学、神学，其间他对天文学产生了浓厚的兴趣。1497 年回到波兰后，哥白尼在弗龙堡大教堂担任教士，因此有足够多的时间研究日心说。

1530 年左右，哥白尼完成了《天体运行论》的全部手稿。1539 年，哥白尼 66 岁时，他的一名 25 岁的学生鼓励他出版《天体运行论》，并为他找到了印刷商。1543 年，该书出版于德国的纽伦堡，传说哥白尼在去世的那一天才收到出版商寄来的书。

哥白尼的宇宙观是：地球绕其轴心运转，月亮绕地球运转，地球和其他所有行星都绕太阳运转。奇怪的是，哥白尼的日心说里也有许多"本轮"，跟托勒密一样，因为他也相信古希腊人的观点，即星体运行的轨道是一系列的同心圆。

2005 年，人们在弗龙堡大教堂发现了哥白尼的遗骨。经过复原之后，于 2010 年 5 月 22 日重新下葬。

121. 天文学是何时成为真正的科学的？

欧洲的天文学家支持哥白尼的日心说，但是一些行星的运动仍然很难解释，尤其是火星。

1609 年，在研究了导师第谷·布拉赫多年的行星观察记录的基础上，开普勒（1571—1630）解决了此问题：行星的轨道是椭圆形而非圆形。

伽利略（1564—1642）是第一个出版自己的天文观测结果的人，他所观测到的金星位相和木星的卫星都有力地证明了日心说。

1687 年，牛顿（1642—1727）出版了《自然哲学的数学原理》，提出了万有引力定律，并指出苹果落地和行星运动遵循的都是这一定律。万有引力定律为开普勒关于行星运动的学说提供了物理依据。

在 18 世纪，人们利用更大型的天文望远镜观测到了更多的恒星和星云。当时的天文学发现包括：彗星周期、恒星的运动、地球运动引起的恒星位置变化。1781 年 3 月 13 日，英国天文学家威廉·赫歇尔（1738—1822）还观测到一颗新的行

星 —— 天王星。

19 世纪更是天文大发现的时代。第一颗小行星发现于 1801 年；首次测出近距星的距离是在 1838 年；首次发现旋涡星云是在 1845 年；首次观测到海王星是 1846 年；首次发现太阳耀斑是 1859 年。

随后，摄影术和光谱学的发明为天体物理学奠定了基础，天体物理学研究的是恒星的物理属性。1920 年到 1940 年间，天文学家们发现了旋涡星云的本质、宇宙的膨胀、太阳和恒星的能量源。

目前，人们相信宇宙是广袤的、相互联系的整体，人类是宇宙的一部分。构成人体的元素最早来自恒星，人类产生于宇宙演化的过程中。

望远镜

122. 谁发明了望远镜?

没人能确切地回答这个问题。最原始的望远镜也许出现在 16 世纪末甚至更早,制作并不精良。

1608 年 9 月 25 日,德籍荷兰眼镜商汉斯·李伯希申请望远镜("能望远的镜筒")的发明专利。李伯希于 1570 年出生在德国韦瑟尔,后来工作、居住于米德尔堡 —— 一个以眼镜制作而闻名的荷兰港城。

1608 年 10 月 2 日,李伯希向荷兰的莫利兹王子展示了他的望远镜,王子很有兴趣。因为当时荷兰共和国和西班牙帝国正在交战,如果在塔顶使用望远镜,就可以发现远处的敌军,而且望远镜对于航海也大有帮助。

也有其他人自称是望远镜的发明者,但是无据可查。

最终,李伯希的专利申请被驳回。理由是制造望远镜的技术早已一传十,十传百,成了众人皆知的"秘密"。尽管如此,李伯希向荷兰王子展示其发明一事很快就传遍了欧洲。

1609 年夏,英国天文学家托马斯·哈利奥特绘制了首张月球地图。该地图并未发表,直到 20 世纪才被人们发现。不久后,伽利略也

望远镜
Telescope

听说了荷兰人的望远镜。很快，他便制成了更精良的望远镜。利用望远镜，他发现了月球山脉、太阳黑子、木星的卫星、金星的盈亏现象以及土星的"耳朵"（后来证实是土星环）等等。

1610 年 3 月，伽利略出版了《星际使者》，此书标志着现代天文观测学的诞生。

后来，约翰尼斯·开普勒和克里斯蒂安·惠更斯等人进一步改良了望远镜。此后产生了更多天文学发现。

123. 望远镜是如何工作的?

望远镜的作用是聚焦光线，眼睛中的晶状体也是这个功能。不过望远镜聚集的光线更多，因此成像也更亮更清楚。

最早的望远镜运用凹透镜来聚焦，光线被镜面弯曲，或者说被"折射"了。因此最早的望远镜也叫折射望远镜。取火镜是个很好的例子：太阳光被镜片聚焦，其热度高到可点燃纸和鞋带。事实上，望远镜焦平面上太阳成的像（或其他光源的像）比真实的太阳小。你可以自己观察一下取火镜或台灯。

要看清望远镜透镜的焦平面上观测物的像,需要使用放大镜(目镜)。因此,折射望远镜主要有两部分:用于聚焦光线的物镜和用于查看像的目镜。它们分别位于镜筒的两端。

折射望远镜的缺点在于,不同颜色的光成的像会有不同,因此恒星会呈现出"色散"。1668年,牛顿发明了反射望远镜,用球面反光镜代替透镜作物镜,从而消除了色散。

反射望远镜有很多优点:只需要一块平坦的地面就可以进行观测,镜体可以更大而不必担心掉下来,因为支撑力来自后方。因此,所有大型的望远镜都是反射镜。1897年,最大的反射镜建立于芝加哥的叶凯士天文台,直径为1.02米。

跟折射望远镜一样,反射望远镜也必须是物镜和目镜的组合。望远镜一定要架设起来才更平稳,才能监测恒星,因为地球的自转使恒星在天空中缓慢漂移。

赤道装置(望远镜的一种机架)有利于监测恒星,但是比较笨重。地平装置比较小巧,但是需要电脑控制才能保持两轴做非匀速转动。

124. 为什么望远镜越大越好?

望远镜越大越好。因为望远镜的透镜或反光镜越大,能看到的细节就多，并且能看到较暗或更远的天体。

以人的瞳孔为例。瞳孔很小（直径至多 5 毫米），光必须通过它射入眼睛，因此恒星必须要很亮才能提供足够的光线来激发视网膜。如果瞳孔能大些，眼睛就能收集更多的星光，看到更多较暗的恒星。望远镜就好比更大的瞳孔。还可以用另外一个例子：一个空酒瓶需要很长时间才能被雨水滴满，但如果在瓶口装一个漏斗，空酒瓶很快就装满了。

大的透镜和反光镜可以聚集更多的星光，因此可看到较暗的天体，或者更远的天体。较大的望远镜还可看到更微小的细节（空间分辨率更高）。用大型天文望远镜看一颗单星，也许会发现它其实是双星。大型天文望远镜可看到月球和火星表面的细节及遥远星系的子结构（旋臂、气体云、星团）。观察到的细节越多越好。

事实上，放大并不是那么重要，它只能告诉你映射到你视网膜上的物体有多大，而不能反映细节。因此，要想给一个望远镜的主人留下深刻印象，你应该问"光圈有多大（透镜或反光镜的大小）"，而不是"能放大多少倍"。

另外，大气的湍流也决定着望远镜能看到多少细节。因此，反光镜的聚光区通常更重要。

口径为 10 米的凯克望远镜（位于夏威夷岛上）比伽利略的第一台望远镜大 650 倍。目前凯克望远镜的天文观测精度可达到纳米，用它可以看到的极限星为 22 等。

125. 天文学家如何使恒星不眨眼?

要观察恒星,最好是在晴朗的夜晚。但是就算清澈的晴空也不完美,因为地球的大气湍流会降低能见度。遥远的星光就像水中的波纹那样源源不断地向前迈进,当它进入地球的大气层后,由于大气的密度不一样,星光常常会发生抖动,这样到达望远镜镜面的光波是不完美的、畸变了的。

所以,我们看到的恒星会闪烁,会抖动,甚至会发生颜色变化。这在恋人眼里很浪漫,却给天文学家造成了很多困难。无论一台望远镜有多大,大气的骚动干扰使其分辨率最多能达到 1 角秒。让人惊讶的是,有些非天文望远镜可以达到和 10 米口径的凯克望远镜一样的分辨率。当然,凯克望远镜的聚光能力要高得多。

为了使恒星不再眨眼,天文学家运用了自适应光学系统(AO),用来测量大气的干扰程度并逐步纠正大气抖动对望远镜成像的影响。在自适应系统中,波振面传感器以每秒 100 次的速度测量大气湍流对波的扭曲,高速的计算机通过分析波振面传感器采集的数据来对镜面的形状做出修正,而双压电晶片自适应透镜用来产生振动以抵消大气引起的光线扭曲。

自适应光学系统最早由美国军事机构研发,因为侦察卫星也需要穿过大气湍流进行观测。运用自适应光学系统,大型天文望远镜可具备敏锐的观察力。目前,几乎所有的大型天文望远镜都配备了自适应光学系统。

望远镜
Telescope

126. 天文学家为何将许多望远镜组合在一起？

望远镜越大，对宇宙的观测就越清楚，不过把两个或两个以上较小的望远镜结合起来也可以达到同样的目的。该技术称为"干涉测量法"，其妙处在于让探测器以为这两个望远镜的反光镜同为一个更大的反光镜的组成部分。

要理解这一点，你可以想象一面直径为 100 米的反光镜，它的聚光能力和分辨率都非常高。在反光镜上涂黑点会降低其聚光能力，但是不会对分辨率产生影响，只要镜面圆周同一直径两端的点还在起作用。然后，把整个反光镜都涂成黑色，只在相反的两边留直径为 10 米的两个圆。这样一来，成的像会变暗，但是仍然十分清晰。现在将涂黑的部分切除，只剩下两个直径为 10 米的圆，将它们组合在一起，它们的成像的清晰度就和最初想象的大望远镜一样出色。

这种方法奏效的前提是焦点处的探测器同时接收到这两个圆反射的星光，即这两个圆所反射的光波的波峰和波谷必须匹配。因此，地面上的两个分立望远镜都配备了精度达到纳米的"延迟"装置,以使光线"同时"到达。较长的波(如无线电波)所需的精确度就小得多。位于美国新墨西哥州的甚大天线阵是射电干涉望远镜的代表。

如今,"干涉测量法"也被应用于大型光学望远镜和红外线望远镜。凯克望远镜共两台(凯克望远镜Ⅰ和凯克望远镜Ⅱ),整体镜面直径为10米,通过光学干涉成为85米口径的等效巨型望远镜。

甚大望远镜(智利)将4台8.2米的望远镜通过干涉技术结合起来,其分辨率相当于一台120米口径的巨型望远镜。

127. 你了解地面上最大的望远镜吗?

自2011年起,全世界已建成14架接地光学望远镜,光圈均达8米以上,其中有6架位于南半球。

最大的望远镜是加那利大型望远镜,它位于西班牙拉帕尔玛岛,是一架口径达10.4米的大型反射式望远镜,其主镜包括36个六边形镜坯单元。加那利大型望远镜的设计是基于夏威夷冒纳凯阿火山上的两架10米口径的凯克望远镜,这两架望远镜由加利福尼亚的天文机构和美国宇航局共同管理。

在高达4200米的冒纳凯阿火山上,还耸立着日本的昴星望远镜(口径为8.3米)和北双子座望远镜(口径为8.1米)。北双子座望远镜由两架望远镜组成,分别安装在夏威夷(北半球)和智利(南半球)。昂星望远镜和北双子座望远镜都是单镜片望远镜。

由欧洲南方天文台建造的甚大望远镜位于智利帕瑞纳天文台,由4台相同的8.2米口径望远镜组成,等效口径可达16米。

位于美国亚利桑那州格雷厄姆山的大双筒望远镜,利用两面8.4米口径的反射镜接收光线并通过干涉技术将光线合并。

其他的巨型天文望远镜包括福瓦克斯山上的霍比－埃伯利望远镜(美国得克萨斯州)和非洲南部大型望远镜(非洲)。这两架望远镜的主镜都是由子镜面拼接而成,等效口径为9~10米。

大型望远镜大多架设在偏远的山顶上,因为那里天空清澈、干燥,光污染和大气湍流少。

128. 哈勃望远镜何时会被替代?

哈勃太空望远镜(Hubble Space Telescope,缩写为HST),是以天文学家爱德温·哈勃的名字命名,环绕地球轨道运转的望远镜,发射于1990年4月。

哈勃望远镜位于地球的大气层之上,因此具有地基望远镜所没有的优势:影像不会受大气湍流的扰动,视相度绝佳又没有大气散射造成的背景光,还能观测紫外线(紫外线会被臭氧层吸收)。它的缺点是:造价高昂,维护修理困难。由于发射条件的限制,它的口径只有 2.4 米。

至今,研究人员已对哈勃望远镜进行了 5 次维护,更换损坏的部件,安装更新型、更灵敏的相机。哈勃望远镜的性能比 20 年前大幅提升。作为天文史上的一场革命,哈勃望远镜发回的照片具有重要意义。

但是,2009 年 5 月的维护对于哈勃而言已是最后一次。如果不发生什么重大故障,它也许还能继续工作 10 年。在结束使命之后,哈勃望远镜并不会完好无损地返回地球,而是缓慢穿过大气层,落入海底。

到时,詹姆斯·韦伯太空望远镜将接替哈勃望远镜完成观测任务。该项目由美国宇航局负责建设,其完成日期已遭拖延并且超出预算。该太空望远镜的口径达 6.5 米,主镜由子镜面拼接而成,并配有遮阳板保护镜面和其他部件。

詹姆斯·韦伯太空望远镜并不像哈勃望远镜那样围着地球轨道运转,它的架设点位于距地球 150 万千米处。因为该望远镜的主要任务是观测大爆炸的残余红外线(宇宙微波背景辐射),即观测可见宇宙的初期状态,因此它的安装位置离太阳较远。詹姆斯·韦伯太空望远镜预计于 2018 年由阿里亚娜欧洲空间组织运载火箭发射升空。

129. 未来的天文望远镜是怎样的?

比起现在的望远镜,未来的望远镜唯一的特点是大了很多,至少从设计图上看来是这样的。

口径为 8.4 米的大型望远镜的主镜可以是一个整体。但是,如果光圈更大,则需要一些特殊的技术。技术之一是将多个反射镜置于一座山上。这项技术将用于巨型麦哲伦望远镜的制造,该望远镜拟建在智利的拉斯坎帕纳斯天文台,其主镜由 7 块直径 8.4 米的镜片组成,等效口径为 24.5 米。

另外两个计划中的望远镜的主镜由多个子镜面拼接而成,就像凯克望远镜那样。不过凯克望远镜只有 36 个子镜面,未来的望远镜将由成百上千个子镜面构成。

30 米望远镜(Thirty Meter Telescope,简称 TMT)是一座由美国、加拿大、日本、中国、巴西、印度等国参与建造的地面大型光学望远镜,计划建造地点为夏威夷的毛纳基山。

欧洲南方天文台的计划更加宏伟:一台口径为 39.2 米的望远镜,计划位置为智利南部的塞鲁阿玛逊斯山。欧洲南方天文台目前已经拥有了甚大望远镜,因此他们把计划修建的望远镜称为"(欧洲)极大望远镜"(幸好有这么多表示程度的形容词!)。

主镜直径为 39.2 米的欧洲极大望远镜镜面面积比 30 米望远镜大,灵敏度也将大幅提升。

如果获批并且经费充足,所有这些计划中的巨型天文望远镜都将于 2018 至 2022 年完成。在遥远的未来,欧洲南方天文台也许会建成一台 100 米口径的望远镜。是的,他们连名字都事先想好了 —— 空前绝后大望远镜。

130. 中微子望远镜是如何工作的?

中微子在自然界中广泛存在,是一种基本粒子,不带电,质量极小,几乎不与其他物质作用。太阳内部核反应产生大量中微子,每秒钟通过我们眼睛的中微子数以百万亿计。

中微子的检测非常困难,方法之一是将大量原子放在中微子运动的途中,这样才可能捕捉到一两个中微子。最著名的中微子望远镜是位于阿尔卑斯山深处的日本超神冈(Super–Kamiokande),它有 10 层楼那么高,看起来就像是个装满水的烘豆罐头。

偶尔,中微子也会与水分子的质子反应,产生的亚原子碎片会发光 —— 契伦柯夫光(类似于我们在核反应池中看到的蓝光)。这种光可以被中微子望远镜内设置的传感器所接收。中微子望远镜必须埋藏于地下,以滤掉宇宙中除中微子之外的其他辐射,保证探测结果不被干扰。

日本超神冈主要用来研究太阳中微子。

1998 年 6 月,日本科学家宣布他们的超神冈中微子探测装置掌握了大量的实验证据,足以说明中微子具有静止质量。

　　美国和日本的中微子实验人员从 1987A 超新星爆发中探测到中微子辐射,这是在太阳系之外首次探测到中微子。

　　每一种中微子都会释放对应的粒子 —— 电子中微子释放电子,μ 中微子释放 μ 子,τ 中微子释放 τ 子。

　　1968 年,美国的戴维斯发现太阳中微子失踪,并因此获得 2002 年诺贝尔奖。后来,加拿大的萨德伯里中微子观测站证实,失踪的太阳中微子转换成了其他中微子。

　　2011 年初,美国在南极洲冰层中建造了 1 立方千米大的中微子天文望远镜 —— 冰立方。这是迄今为止最新型、灵敏度最高的中微子望远镜。法国、意大利、俄罗斯也分别在地中海和贝加尔湖中建造中微子天文望远镜。

　　目前,我们已经知道了可见宇宙的模样,但是对中微子的世界还是了解甚少。

窥世界

131. 光是什么?

艾萨克·牛顿(1643—1727)认为光是由微粒组成的,光线在均匀同种介质中沿直线传播。1704 年,他在著作《光学》中阐述了此观点。荷兰物理学家克里斯蒂安·惠更斯(1629—1695)持反对意见。在他看来,光和声一样,是一种波。在 1690 年出版的著作《光论》中,他介绍了这一观点。

1802 年,托马斯·杨在伦敦进行了著名的杨氏双缝实验,证明光以波动形式存在,而不是牛顿所想象的光颗粒。19 世纪,英国物理学家迈克尔·法拉第和詹姆斯·克拉克·麦克斯韦发现光是电磁波,其速度为每秒 30 万千米。

在已确定的光的波本质的基础上,阿尔伯特·爱因斯坦和美国物理学家罗伯特·密立根进一步发现光是由量子组成的。在量子物理学中,光既有微粒的特性,也有波的特性。光量子的能量与其波长相关,并表现出干扰的性质。

可见光的波长在 380(紫色、能量高)~ 780 纳米(红色、能量低)之间。稀薄的发光气体只发出特定波长的光,钠灯发出橙色光,热氢气组成的宇宙云发出粉色光。太阳光则包含了所有的单色,白色的太阳光通过水滴或棱镜时发生色散,形成由红、橙、黄、绿、蓝、靛、紫等各种单色光组成的光谱。太阳大气层的气体吸收特定波长的光,衍射出若干条暗线(现称为夫琅禾费线),根据这些暗线可分析出光的构成。

光具有偏振特性(光矢量的振动对于传播方向的不对称性),光谱线的红移或蓝移揭示了发光体的运动方向。光的能量分布(光偏蓝或偏红)反映了发光体的温度。总之,光包含了大量的信息。

可见光只是全部电磁波谱中的很小一部分,天文学家也在用仪器研究其他类型的辐射。

132. 光速有多快?

在宇宙中,光速是无限大的。"无限"不可能达到,因此光速也是实物无法赶上的。

为什么光速无法达到呢? 一个静止的物体,其全部的能量都包含在静止的质量中。一旦运动,就要产生动能。由于质量和能量等价,运动中所具有的能量应加到质量上。当速度趋近光速时,质量随着速度的增加而直线上升,速度无限接近光速时,质量趋向于无限大,需要无限多的能量。因此,任何物体的运动速度都不可能赶上光速。

如果某个物体以无限大的速度运动,相比之下观测者的速度就可以忽略了。在这种情况下该物体的速度看起来是无限大（与观测者的实际速度无关）。同样，无论观测者和光源的相对速度如何，他测量出的光速总是一致的。

即使有人以 1/2 光速向你靠近，用一支火把照你的眼睛，火把的光进入你眼睛的速度也是光速，而不是 1.5 倍光速。因为光速"无限"大，所以任何人测出的光速都是相同的，每个人基于光速算出的宇宙的距离和时间也都是一致的。

你看到的物体经过时的速度大小取决于该物体对于你的相对速度。运动中的钟表速度慢，运动中的尺子变短了。缓慢经过你的人在其运动方向上越缩越小。

但是，时间膨胀和洛伦兹收缩（距离随运动速度的增加而收缩）只有在别的物体以相当大的速度经过你时才能感觉到。光速（300,000千米 / 秒）比客机的速度还要快 100 多万倍，因此这种特殊的相对运动在日常生活中是难以察觉的。

如果以接近光速的速度驶向恒星，时间就会变慢。在你重返地球的时候，也许已经过了数百上千万年。

133. 射电望远镜接收到的是什么?

无线电波是波长大于 1 厘米的电磁波，是电磁波谱中的能量最低

窥世界
Learn About The World

的部分。1930 年,贝尔电话实验室的无线电工程师卡尔·央斯基通过研究长途通信中的静电噪声发现银河中心在持续发射无线电波。在此基础上诞生了射电天文学(进行无线电波段观测与研究天体和其他宇宙物质的天文学分支)。射电天文学的优势在于:宇宙射电波不只在夜里能接收,在白天甚至雷雨雪暴天气都可以接收。

7 年后,美国无线电工程师格罗特·雷伯在自己家的后院建成了第一台射电望远镜。他发现天空中有的地方发射出比背景噪音更强的电波,并且这种"射电星"和可见星体的位置不一致。

二战期间,荷兰天文学家亨德里克·范德赫尔斯特预言银河系气体云中的中性氢原子会在一个特定的波长(21 厘米)上发出辐射。1951 年 3 月,哈佛大学的 Edward Purcell 教授与他的研究生 Harold Ewen 首次探测到 21 厘米辐射。同年 5 月,亨德里克·范德赫尔斯特也探测到了同样的结果。

1956 年,荷兰的德温厄洛建立了口径为 25 米的射电望远镜。1957 年,英国的焦吉班克建成了口径为 76 米的大型射电望远镜。运用射电望远镜,天文学家可以观察银河系的旋涡结

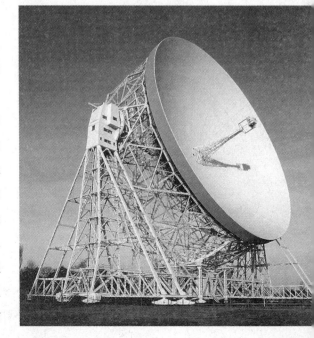

构以及河外星系的结构。

　　射电望远镜还能接收多种波长的同步辐射,这种同步辐射发生于高速运动的电子绕磁场运动的过程中。因此,射电天文学使人们能够研究快速旋转的脉冲星、活跃的星系、黑洞的喷流以及遥远的射电源。

　　最大的射电抛物面天线在波多黎各的阿雷西沃天文台(口径305米),整个藏在一个称为灰岩坑的地下坑内。最大的可移动射电望远镜是美国弗吉尼亚的绿岸射电望远镜(口径110米)。

　　目前,最大的射电望远镜阵当属美国新墨西哥州的甚大阵和荷兰的 Westerbork 阵,它们都是由多个小口径的抛物面天线组成的。在未来,最大的射电天文台"平方千米射电阵(Square Kilometre Array)"将建在南半球,由数千个较小的蝶形天线组成。

134. 微波天空是什么模样?

　　仰望夜空,你会看到点点繁星。但整个夜空仍是黑暗的。因为可见光只占电磁波谱的很小一部分,其他类型的光(不可见)包括 X 光、红外线和射电。

　　想象一下你有副"魔力眼镜",转动镜框上的一个旋钮,你就能改变你所看到的光的类型。把眼镜调到 X 光,你就能看到黑洞那样的天体。但是夜空的大部分还是黑色,你仍然看不到其他类型的光。但是

也有例外，那就是微波（短无线电波）—— 手机、电视、微波炉所使用的"光"。

如果把你的魔力眼镜调到微波，夜空就不再是黑色，而是灼目的白色。此时你看到的是大爆炸的余光。难以置信吧？大爆炸已经过去137 亿年了，它的光仍然遍布宇宙。由于宇宙膨胀，宇宙背景辐射已经降至零下 270 摄氏度。宇宙中 99.9% 的光子都来自背景辐射。

仔细观察，你会发现大爆炸的余光白得并不完全一样 —— 有的地方较亮，有的地方较暗。这些较亮或较暗的区域就是凝结成第一批星系的地方。大爆炸余光向我们展示了宇宙诞生 38 万年后的样子。这是我们通过光能看到的最远的过去时间。

直到今天，整个宇宙仍然因为大爆炸的余热而发光，这充分证实了宇宙产生于大爆炸。

135. 天文学家如何测量宇宙的温度？

1800 年，英国天文学家威廉·赫歇尔（1738—1822）发现红外辐射的波长在 700 纳米至 1 毫米之间。赫歇尔用棱镜来观察太阳光谱，并用温度计测量光谱中各种颜色的能量。他发现光谱红色外的部分也能够吸收热量，显然这些热量是来自不可见的长波辐射。如今，人们已了解红外辐射，并把它应用于夜视护目镜和家用摄像机。

在天文学中，冷天体（如暗尘云）主要以红外线形式散发其能量。因此，红外天文学可用于宇宙尘埃的研究。红外线可以透视灰尘，因而能够探测到气体云中的原恒星，而光学望远镜难以做到这一点。

宇宙红外辐射的一部分会被地球的大气层所吸收，所以天文望远镜需要架设在山顶上或是发射到太空中才能进行观测。如今，大多数大型接地望远镜（如凯克望远镜和甚大望远镜）都配备了可见光照相机和近红外感应器。要观测太空中暗淡的红外辐射，通常要用液态氦等将探测器温度降至绝对零度。

早期的红外感应器方向敏感度不高，如果用来拍摄红外天空，只能获得模糊的图片。如今，连家用摄像机都已配备了感应红外探头，其拍摄能力可媲美光探测器。

1983 年，红外天文卫星拍出了第一张全天红外辐射图。此图包含 35 万个辐射源，其中包括原行星盘和遥远的次毫米星系（距离地球十分遥远的超巨大星系，其光芒被深厚的宇宙尘埃阻隔，难以用一般的可见光天文望远镜观测）。

后来，红外太空望远镜越来越多，如美国宇航局 2003 年发射升空的斯必泽太空望远镜和欧洲航天局 2009 年发射的赫歇尔太空望远镜。

由美国航天局和欧洲航天局共同建造的詹姆斯·韦伯太空望远镜（作为哈勃太空望远镜的后续机，计划于 2018 年发射升空），将主要用于观测红外辐射。

136. 紫外天空是什么样子？

紫外线的波长在 10～400 纳米之间。人眼看不到紫外线，但一些动物（如蜜蜂）可以看到。紫外线光子的能量比可见光光子大得多，因此太阳光中的紫外线会晒伤皮肤，甚至引发皮肤癌。幸运的是，多数紫外辐射都被地球的大气层吸收了。大气层中的臭氧层是吸收紫外辐射的主力，所以含氯氟烃气体对臭氧层的破坏引起了人们广泛的担忧。

只有高温的天体（如年轻的大质量恒星和密度极高的白矮星）会以紫外线形式释放自身大部分能量。多数恒星在紫外线的照射下比在可见光照射下更暗淡。如果我们的眼睛能接收紫外线，我们所看到的夜空中的恒星也会变得昏暗。

宇宙紫外辐射只能在太空中进行研究。著名的紫外卫星有：国际紫外探测者卫星（IUE，1978—1996）和远紫外分光探测器（FUSE，1999）。

哈勃太空望远镜也有紫外光谱摄制仪，称为"影像摄谱仪"。该仪器于 1997 年安装, 2004 年曾发生故障, 2009 年被修复。

目前最活跃的紫外太空望远镜是 2003 年发射升空的 "星系演化探测器", 其作用是研究遥远的河外星系中恒星的形成。紫外望远镜揭示了温热星系间介质 —— 星系间和星系团间的稀薄气体的存在。温热星系间介质中的氧原子和氮原子被剥离了电子, 直到吸收遥远类星体的紫外光后, 才得以 "现身"。

同时, 空间太阳望远镜 (如美国与欧空局联合研制的空间太阳望远镜 "SOHO" 和美国宇航局新发射的太阳观测卫星 "太阳动力学天文台") 上的紫外相机会记录太阳耀斑。

137. 天文学家如何给宇宙照 X 光?

自然界中, 最高能量的辐射形式是 X 光 (波长在 0.01 ~ 10 纳米之间) 和伽马射线 (任何波长小于 0.01 纳米的电磁波)。

在地球上, X 射线用于医疗目的。如果剂量过大, X 射线足以穿透人体组织甚至引发癌症。伽马射线产生于核反应中, 其威力比 X 光还要致命。幸好, 地球的大气层阻挡了宇宙 X 射线和伽马射线。

1949 年的火箭试验探测到了太阳中的 X 射线。1962 年, 另一项火箭试验探测到了第一个宇宙 X 射线源 —— 天蝎座 X-1。此后, 许多 X 射线天文卫星相继发射升空, 如美国宇航局的 "钱德拉 X 射线天文台"和欧洲航天局的"XMM 牛顿天文望远镜"。这两颗天文卫星目前都在运行中。

X 射线会直接穿过天文望远镜的反光镜,因此拍摄天空 X 光谱需要特殊的探测器。X 射线可产生于极高温的气体,所以有人设想 X 射线是大质量恒星在生成黑洞的过程中或超新星爆发中产生的。

伽马射线卫星有:康普顿伽马射线太空望远镜卫星(1991—2000),欧洲宇航局的伽马射线轨道望远镜"INTEGRAL"和美国宇航局的"费米伽马射线太空望远镜"。后两个太空望远镜都还在使用中。

伽马射线暴是重要的研究领域,宇宙中大多数能量都产生于巨大的恒星爆炸或中子星结合中。物质和反物质的共同毁灭,还有假想的暗物质颗粒的衰亡,也会产生弥漫伽马射线。高能量的伽马射线光子在地球的大气层中形成大量的次级粒子,这些次级粒子用接地设备就可以观测到。

对天文学家而言,X 射线和伽马射线为他们揭示了一个令人兴奋的高能宇宙。

138. 宇宙射线是什么?

宇宙射线并不是射线,而是来自宇宙的一种具有相当大能量的带电粒子流,其来源至今无人知晓。

1912 年，澳大利亚科学家韦克多·汉斯带着电离室，在乘气球升空测定空气电离度的实验中，发现电离室内的电流随海拔升高而变大。美国物理学家罗伯特·密立根误以为这种"电离"是来自地球以外的一种穿透性极强的射线所产生的，并将其命名为"宇宙射线"。

约 90% 的宇宙射线粒子是光子（氢原子核），9% 是阿尔法粒子（氦原子核），1% 是更大质量元素的原子核。当与空气分子相撞时，宇宙射线产生出大量次级粒子并发出微弱的光 —— 切伦科夫辐射。紫外光探测器能够记录这种辐射。

目前，最灵敏的宇宙射线天文台是阿根廷的皮埃尔·奥格宇宙射线观测站，该观测站拥有 1600 个探测器，分布在 3000 平方千米的范围内。

可是，这种高能量的宇宙射线颗粒会在银河的磁场的作用下发生偏转，因此它到达地球时的方向并不是放射源的方向。

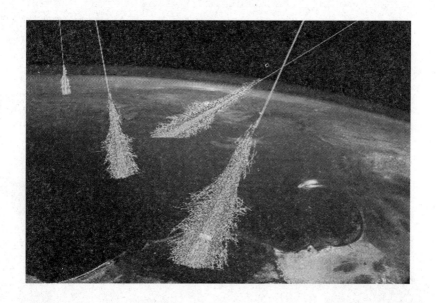

窥世界
Learn About The World

　　宇宙射线是在宇宙空间中以光速传播的光子，宇宙射线微粒可能是自然界所发现的能量最大的微粒。这些超高能的宇宙射线的能量大于任何人造粒子加速器产生的粒子能量的 5000 万倍。超高能的宇宙射线很罕见，它们并不容易发生偏转。也许它们来自相对较近的活跃星系中，这些星系中央有黑洞形成。

　　能量较小的宇宙射线也许在超新星爆炸的冲击波中加速传播，但是其具体的形成机制至今还不清楚。

139. 宇宙中微子包含了哪些宇宙信息？

　　中微子是亚原子颗粒，质量极小。它们很少和其他粒子反应，因此很难探测。

　　早在 20 世纪 30 年代，量子物理学的先驱者沃尔夫冈·泡利就从理论上推测，当较小的原子核相互结合成较大的原子核时，除了会释放巨大的能量外，还会释放出大量的中微子。1956 年，在一次核反应堆的试验中，首次探测到了中微子。宇宙中充满了中微子，每秒钟有 400 万亿个中微子以光速通过你的身体。

　　多数中微子产生于大爆炸，其他中微子则产生于星核的核反应以及超新星爆发。中微子可以用巨大的水容器来探测。它们只参与非常微弱的相互作用，并发出微弱的光。

为了屏蔽宇宙射线及其他可能的背景干扰,中微子探测器时常设立在地下。大型的中微子探测器有:日本的超神冈和加拿大的萨德伯里中微子探测器。目前最大的中微子探测天文台是位于南极的"冰立方"——该探测器包含了数千个放置在 1 立方千米广阔冰面上的光传感器。

大多数到达地球的中微子来自太阳核心。1987 年,天文学家意外地探测到了来自附近超新星爆发的中微子。在穿过太空过程中,中微子会变"味"(共有三种类型的中微子:电子、μ 子、τ 子。中微子可以从一种类型转变成另一种类型,称为"变味")。

但是,大爆炸产生的中微子的质量非常小。虽然它们的数量很多,但还是不足以解释暗物质的存在。

中微子是来自太阳核心的信息使者,研究宇宙中微子可以帮助我们认识超新星爆发。中微子天文学的主要目标是更多地了解大自然的基本属性。也许有一天,它能帮人类进一步揭开暗物质之谜。

140. 引力波是什么?

引力波是广义相对论所预言的引力场的波动形式,其传播速度等于光速。根据爱因斯坦的广义相对论,能量 – 动量的存在(也就是物质的存在),会使四维时空发生弯曲。同样,加速运动的质量(即引力场)

会产生引力辐射或引力振荡，从而带走能量，这叫作引力辐射。

1974 年，普林斯顿大学的拉塞尔·赫斯和约瑟夫·泰勒发现天鹰座一双星脉冲星（旋转的中子星）的运行轨道以每年 3.5 米的速度逐渐衰减。这一轨道衰减率正好与爱因斯坦广义相对论预

言的一致。人们认为这是引力波理论的第一个观测证明。

直接探测引力波并非易事，因为其振幅很小。因此，天文学家通过测量两条激光束相遇时所形成干涉图样的变化来探测引力波。这些图样依赖于激光束的传播距离，当引力波穿过时激光束的传播距离会相应变化。

至今还未出现成功测量引力波的先例，连美国的激光干涉引力波观测站也不例外。也许在 2014 年升级至更高的灵敏度时，该观测站就能成功探测引力波了。

据天文学家预计，引力波波源包括银河系内的双星系统（白矮星、中子星或黑洞等致密星体组成的双星）、河外星系内超大质量黑洞的合并、脉冲星的自转、超新星的引力坍缩和大爆炸留下的背景辐射等等。未来的太空天文探测器也许能测到大爆炸留下的高频引力波。

引力波天文学为我们提供了观测宇宙的新途径，这也许能为我们解释前人未曾观察到的现象。

致 谢

本书作者霍弗特在此感谢推特网上的粉丝们，正是他们对"周周天文行"的浓厚兴趣才促成了本书的撰写。同样感谢马库斯的合作。

本书合著者马库斯在此感谢尼尔·贝尔顿，亨利·沃兰斯，斯蒂芬·佩支，费莉希蒂·布莱恩和凯伦·查尔弗的支持和鼓励。同时感谢霍弗特在本书撰写过程中的密切合作。